围屋

中国传统建筑
营造技艺丛书
（第二辑）

刘 托 主编

赣南围屋
传统营造技艺

GANNAN WEIWU
CHUANTONG YINGZAO JIYI

肖发标 钟莉清 编著

时代出版传媒股份有限公司
安徽科学技术出版社

图书在版编目(CIP)数据

赣南围屋传统营造技艺 / 肖发标,钟莉清编著. -- 合肥:安徽科学技术出版社,2021.6
(中国传统建筑营造技艺丛书 / 刘托主编. 第二辑)
ISBN 978-7-5337-8368-6

Ⅰ.①赣… Ⅱ.①肖…②钟… Ⅲ.①民居-建筑艺术-江西 Ⅳ.①TU241.5

中国版本图书馆 CIP 数据核字(2021)第 010414 号

赣南围屋传统营造技艺　　　　　　　　　　　　　肖发标　钟莉清　编著

出 版 人:丁凌云　选题策划:丁凌云　蒋贤骏　王筱文　策划编辑:翟巧燕
责任编辑:付　莉　郑　楠　责任校对:张　枫　责任印制:廖小青
装帧设计:王　艳
出版发行:时代出版传媒股份有限公司　http://www.press-mart.com
　　　　　安徽科学技术出版社　　　　http://www.ahstp.net
　　　　　(合肥市政务文化新区翡翠路 1118 号出版传媒广场,邮编:230071)
　　　　　电话:(0551)63533330
印　　制:合肥华云印务有限责任公司　　电话:(0551)63418899
(如发现印装质量问题,影响阅读,请与印刷厂商联系调换)

开本:710×1010　1/16　　　印张:12　　　字数:192 千
版次:2021 年 6 月第 1 版　　2021 年 6 月第 1 次印刷

ISBN 978-7-5337-8368-6　　　　　　　　　　　　　定价:69.80 元

丛书第二辑序

　　自2013年"中国传统建筑营造技艺丛书"第一辑出版至今,已经8年过去了。这8年来,"营造技艺及其传承保护"已然成为中国传统建筑文化及文化遗产保护领域的热门话题,相关的课题研究、学术论坛高倍聚焦于此,表明了营造技艺的学术性和当代性价值。不惟如此,"营造"一词自1930年中国营造学社创立以来,重又为社会各界广泛认知和接受,成为人们了解传统建筑的一种新的视角,或可以说多了一把开启中国建筑文化之门的钥匙。

　　研究营造技艺的意义是多方面的:一是深化和拓展了建筑历史与理论研究的领域;二是丰富和充实了文化遗产保护的实践;三是在全国范围内,特别是在民间,向广大民众普及了对保护和传承非物质文化遗产(简称"非遗")的认知。正是随着非遗保护工作的不断深入,我们对一些已有的认知也在逐渐深入和更新。比如真实性问题,每一种非遗都是富有生命活力的存在,是一种生命过程,这是非遗原真性的核心内涵,即它是活着的生命体,而不是标本。这与物质形态的真实性有所不同,其真实与否是活态非遗真伪的判断标准。作为文物的一座建筑,我们关注的是物态本身,包括它的材料、造型等,可能还会延伸到它的建造历史,它甚至可以引导我们穿越到初建或改建时的那个年代;而作为非遗的技艺,建筑物只是一个符号,我们要揭示的是建造技艺延续至今所包含的人类文明和人类智慧,它在我们当今生活中所扮演的角色,让我们既感受到人类文明的涓涓流淌,又体验到人类生活的丰富多样。我们现在在古建筑物质形态保护方面,对原真性保护虽然原则上也强调使用原材料、原工具、原工艺进行修缮,然而随着"非物质文化遗产"概念的引入和普及,传统技艺本身已然成为保持文化遗产真实性的必要条件和要素,成为被保护的直接对象。对技艺的非物质保护,首先就是强调其原真性需要得到保护,技艺的原真性就是有序传承的技术、做法、工艺、技巧。作为被保护对象,它们不应被随意改变。如同文物建筑不得被任意破坏或改动一样,作为非物质的载体,物质性的作品、成品、半成品、工具等都是展示技艺的要件,它们同时承载着识别技艺和展示技艺的功能,不应人为刻意掩盖或模糊技艺的真实呈现。所谓修饰一新、整旧如旧的做法,严格意义上说都不符合真实性原则。

又比如说活态性问题,非物质文化遗产是活态遗产,指的是非物质文化遗产在历史进程中一直延续,未曾间断,且现在仍处于传承之中。它是至今仍活着的遗产,是现在时而非过去时。一般而言,物质形态的遗产是非活态的,或称固态的,它是凝固、静止的,它是过去某一时段历史的遗存,是过去时而非现在时,如建筑遗构、考古遗址,乃至一般性的文物。然而非物质文化也并非全都是活态的,因而也不都是文化遗产,它们或许只是文化记忆,比如说终止于某一历史时期的民俗活动与节庆,失传的民歌、古乐、古代技艺,等等,虽然它们也是非物质的,也是无形的,但它们都已经成为消失在历史长河中的过去,被定格在某一时间刻度上,或被人们所遗忘,或被书写在历史文献中,它们在时间上都归为过去时。而成为活态的遗产则都是现在时,是当今仍存续的、鲜活的事项,如史诗或歌谣仍然被传唱,如技艺或习俗仍然在传承和被遵守,尽管它们在传承中也有所发展,有所变异。由此可见,活态并非指的是活动或运动的物理空间轨迹及状态,而指的是生生不息的生命力和活力。活态性也表现在非物质文化遗产在传承与传播中不断地应变，像生命体一样在与自然环境及社会环境的相互作用中不断地生长、适应与变化，积淀了丰厚的政治、经济、历史、文化、科技信息，积累了历代传承人的智慧和创造力，成为人类文明的结晶，如唐宋时期的营造技艺发展到明清时期已然发生了很多变化，但其核心技艺一脉相承，并直到今日仍被我们所继承和发扬。

再比如说整体性问题，营造技艺并非只强调技术，而应该包含营建活动的全部，"营"代表了其中的精神性活动，"造"代表了其中的物质性活动。在联合国教科文组织所列的五种非遗类型中，有一些项目是跨类型的，建筑即是如此。虽然我国现行管理体制中把建筑列入技艺类项目，但其与人类认知、民俗、文化空间等内容都有着紧密的联系，这也证明了营造类文化遗产的复杂性和丰富性，需要我们认真研究和传承。现实中没有一项文化遗产不是一个复杂的综合体和有机体，它们都具有自己的完整结构和运行规律，每一项非物质文化遗产都是由持有人、遗产本体（如技艺、表演等）、物质载体（如产品、艺术品等）、生态环境（自然与人文环境）共同构成的。整体性保护就是保护文化遗产所拥有的全部内容和形式，对非物质文化遗产的科学保护意味着对其相关要素进行全面保护，否则就难以实现保护的初衷，难以取得成效。营造技艺保护在整体性方面可谓表现得尤为典型。

中国非物质文化遗产是按照分类进行专项保护的，但许多遗产在实际存续状态中往往涉及多种类型，如不强调整体性保护，很可能造成遗产被割裂、分解，如表演艺术中的戏剧、曲艺，大多涉及文学、音乐、舞蹈、美术，以及民俗。仅以皮影为例，就涉及说唱、美术、制作技艺等，只有整体保护才能取得成效。不仅如此，除去对遗产本体进行保护外，还要对其赖以生存的生态环境予以保护，其中既包括文化生态，也包括自然生态。就营造技艺而言，整体性保护意味着对营造技艺本体进行全面保护，即包括设计、建造、技术、工艺等各个方面。中国古代建筑的设计与建造是一个整体的两个方面，不可分割；不像现在，设计与施工已经完全是两个不同的专业领域。"营造"一词中的"营",之所以与今天所说的建筑设计有差异,主要在于它不是一种个体自由创作,而是一种群体性、制度性、规范性的安排,是一种集体意志的表达,同时本质上也是一种技艺的呈现形式。其实,任何一种手工技艺都含有设计的成分,有的还占据技艺构成的重要部分,如青田石雕、寿山石雕等。相比之下,营造方面的"营"包含的设计内容更为丰富,更为复杂。

对营造技艺的全要素进行整体性保护,需要打破物质与非物质、动态与静态、有形与无形的界限,正确认识它们之间的相关性。它们常常是一枚硬币的正反面,保护一方面的同时不应忽略另一方面。虽然我们现在强调的是针对非物质文化遗产的保护,但随着对文化遗产整体观认识的不断深化,我们必然会迈向文化遗产整体保护的层面,特别是针对营造技艺这类本身具有整体性特征的遗产对象。整体性保护与活态性相关,即整体保护中涉及活态(动态)与静态保护的有机统一。这里的活态保护主要不是指传承人保护,而是强调一种积极的介入性保护手段,即将保护对象还原到一个相对完整的生态环境中进行全面保护,这需要我们在一定程度上打破禁锢,解放思想,进行创新。现在有很多地方尝试进行一定的活化改造,即集中连片或成区片地整体保护传统街区、村落、古镇,同时保护与之相关的自然与人文生态,包括原有的地域性生活样态,如绍兴水乡、北京南锣鼓巷街区、川(爨)底下古村落等,都在力争保持或还原固有的风貌、风情、风俗,这是一种生态性的整体保护策略,是整体保护理念的体现。

在理论探索的同时,营造技艺的保护实践也在逐渐系统化和科学化,各保护单位和社会团体总结出了诸如抢救性保护、建造性保护、研究性保护、展示性保护、数字化保护等多种方式。

抢救性保护主要指保护那些因自身传承受到外部环境冲击而难以为继,需外力介入才能维持存续的项目,其保护工作主要包括对技艺本体进行记录、建档、录音、录像等,对相关实物进行收集整理或现状保存,对传承人进行采访,系统整理匠谚口诀,建立工匠口述史档案,给生活困难的传承人以生活补助或改善其工作条件,等等。

建造性保护是非遗生产性保护的一种转译,传统技艺类项目原本都是在生产实践中产生的,其文化内涵和技艺价值要靠生产工艺环节来体现,广大民众则主要通过拥有和消费其物态化产品来感受非物质文化遗产的魅力。因此,对传统技艺的保护与传承也只有在生产实践的链条中才能真正实现。例如,传统丝织技艺、宣纸制作技艺、瓷器烧制技艺等都是在生产实践活动中产生的,也只有以生产的方式进行保护,才可以保持其生命力,促使非遗"自我造血"。相对一般性手工技艺的生产性保护,营造技艺有其特殊的内容和保护途径,如何在现有条件下使其得到有效保护和传承,需要结合不同地区、不同民族、不同级别的文化遗产项目进行有针对性的研究和实践,保证建造实践连续而不间断。这些实践应该既包括复建、迁建、新建古建项目,也包括建造仿古建筑的项目,这些实质性建造活动都应进入营造技艺非物质文化遗产保护的视野,列入保护计划中。这些保护项目不一定是完整的、全序列的工程,可能是分级别、分层次、分步骤、分阶段、分工种、分匠作、分材质的独立项目,它们整体中的重要构成部分都是具有特殊价值的。有些项目可以基于培训的目的独立实施教学操作,如斗拱制作与安装,墙体砌筑和砖雕制作安装,小木与木雕制作安装,彩画绘制与裱糊装潢,等等,都可以结合现实操作来进行教学培训,从而达到传承的目的。

研究性保护指的是以新建、修缮项目为资源,在建造全过程中以研究成果为指导,使保护措施有充分的可验证的科学依据,在新建、修缮项目中和传承活动中遵循各项保护原则,将理论与实践相结合,使各保护项目既是一项研究课题,也是一个检验科研成果的实践案例。实际上,我们对每一项文物修缮工程或每一项营造技艺的保护工程,在实施过程中都有一定的研究比重,这往往包含在保护规划、保护设计中，但一般更多的是为了满足施工需要，而非将项目本身视为科研对象来科学系统地做相应的安排，致使项目的宝贵资源未得到充分的发掘和利用。在研究性保护方面，北京故宫博物院近年启动了研究性保护的计划，即以"技艺传承、价值评估、人才培养、机制创新"为核心，以"最大限度保留古建筑的历史信息，不改变古建筑的文物原状，进行古建筑传统修缮的技艺传承"为原则，以培养优秀匠师、传承营造技艺、探索保护运行机制等为基本目标，探索适合中国国情的古建筑保护与技艺传承之路。

随着第五批国家级非物质文化遗产代表性项目名录推荐项目名单的公示，又将有一批营造技艺类保护项目入选名录，相应的研究和出版工作也将提上议事日程，期待"中国传统建筑营造技艺丛书"第三辑能够接续出版，使我们的研究工作即便不能超前，但也尽力保持与保护传承工作同步，以期为保护工作提供帮助，为民族文化遗产的传播做出切实的贡献。

刘　托

2021 年 1 月 27 日于北京

目　　录

第一章
赣南围屋的类型与建筑布局

赣南围屋,作为一种具有地方特色的民居,引起专家、学者及社会上的关注,是从 1990 年韩振飞先生在《江西日报》上发表《赣南的客家坞堡》之后开始的。"过去言客家民居,必称土楼、围龙屋,论其建筑文化,则必谓闽粤,而不及赣南客家围屋",有鉴于此,赣州市博物馆馆长韩振飞在 1993 年发表了《赣南客家围屋源流考——兼谈闽西土楼和粤东围龙屋》,赣州市博物馆副馆长万幼楠先生随后也发表了《赣南客家民居试析——兼谈赣闽粤边客家民居的关系》(1995 年)、《赣南围屋及其成因》(1996 年)、《围屋民居与围屋历史》(1998 年)、《赣南客家围屋之发生、发展与消失》(2001 年)等系列调查与研究文章。伴随着 20世纪 90 年代客家学说在赣州及中华大地上的火热传播,赣南围屋作为客家民居的一种,不仅得到了客家研究学者的认同,而且引起了越来越广泛的关注,并受到了当地政府官员的注意,被纳入赣南文物保护的重点对象。

第一节
关于赣南围屋的研究

赣南围屋是在韩振飞与万幼楠这两位文物领域专家的引导下被世人知晓的,因此对赣南围屋民居的类型、建筑特征与发展历史等方面的认识,普通大众一般也是从两位的著述中获得。

韩振飞先生生前长期担任赣州市博物馆的馆长。他在 1993 年第 2期《南方文物》上发表的《赣南客家围屋源流考——兼谈闽西土楼和粤

东围龙屋》一文中,对赣南客家围屋的定义如下:

赣南的客家围屋是一种空间体量硕大,防御功能极强,对外实行封闭,并为一个父系大家庭的成员提供家、堡、祠三种使用功能的天井式民居,它是赣南最具代表性的客家建筑。

他认为赣南的客家围屋具有以下特点,同时也认为,只有具备以下这些特点的建筑,才能被称得上是真正的围屋。

①占地面积大,一般不少于 500 平方米,大者可达 10000 平方米。平面布局以方形或矩形占绝大多数,仅有少部分围屋的平面为半圆形或多边形,还有极个别为圆形。在围屋的转角处,建有略向外突出的角楼。

②外立面是高大厚实的墙,厚度一般在 0.5 米以上,最厚可达 1.5 米。立面不少于两层,高度在 5 米以上,最高者可多达 6 层、高 17 米以上。绝大多数的角楼较外墙高出一层,外墙通常不开窗户,只留下对外瞭望和进行射击的孔眼。各围屋外墙所用的建筑材料不尽相同,有的是三合土,有的是夯土,还有的是青砖、土砖、条石、石块等。

③整座建筑物利用外墙进行封闭,外立面墙除具有极强的防御功能外,同时还是内部住房的隔断墙,上部覆盖青瓦,从而形成一座空间体量硕大的天井式民居。

④在建筑的中轴线上,必定建有一栋或一间祠堂。一般情况下,祠堂位于建筑物正中,作为祭祀祖先或进行公共聚会的场所。

⑤一座围屋内部的居民,必定是一个父系大家庭的直系血缘后代。换言之,同一围屋内的居民,必然是同姓、同宗,甚至是同一开基祖的直系血缘后代,他们之间有着十分密切的血缘关系。

⑥每座围屋都有名称,如东生围、振兴围、燕翼围等。

⑦围屋具有防御性极强、具备祭祖场所和能容纳大量人口起居这三大特征。

万幼楠先生是赣州市博物馆的书记兼副馆长,是赣南最早专业从事古建筑调查与研究的专家。他也认为："围屋"是一种有坚固防御作用的设防性民居,但从其平面的基本元素来看,仍未跳出"厅屋组合式"民居的范畴。它的主要特点是聚族而居,四面围合封闭,外墙中设有炮楼、枪眼等防御设施,围内设有水井、粮柴库、水池等防围困设施和设备。围屋民居,因其外墙既是每间房屋的外墙,又充当整座围屋的围墙,且围屋的大门门额上题有诸如西昌围、衍庆围、龙光围等铭文,"围屋"因此得名,但当地人统称其为"围""围子"或"水围",最常见的称谓主要有某某"老围""新围""田心围"和"水围"四种。围屋的类型从平面形式分,主要有"国"字形围和"口"字形围两种;此外,也有少量圆形、半圆形的,即福建土楼形式和广东围龙屋形式以及不规则形的围屋形式(图1-1)。

"国"字形围

不规则形围

"口"字形围

图1-1　围屋的类型

此外,围屋作为一种民居,万幼楠还对其有如下几点界定。

①围屋是一种四面用房屋围合封闭,外墙中设有炮楼、枪眼等防御设施,由一个家族共同聚居的民居。只要符合以上三个要点,无论是圆形的土楼,还是半圆形的围龙屋,甚至是不规则形的"厅屋组合式"民居都属于围屋。

②围屋民居不等同于客家民居,它只是客家民居的一个支流。他认为,客家民居的主流是那种被称为"府第式""殿堂式"或"三堂式"的民居。在客家民居中,围楼的存在始终表现为局部的、少量的。如闽西南的土楼,集中分布在永定县与南靖县交界的几个乡镇中,连蔓延全县的能力都没有。赣粤的围屋、围龙屋也是这样,虽然分布的县、乡更

多,但它们终未成为普遍形式。

③围屋与土楼、围龙屋,"从出现的背景和时间来看,几乎是相同的。从三者的共性来说,都有聚族而居、强调设防的特点。但是在构造和平面形式上又存在很大的差异。如土楼多为四层,圆形或方形,生土墙,聚居性最强;围屋以三层为主,方形,砖石墙,设防性最强;围龙屋以单层为主,半圆形,土石墙,可居性最强。三者在一些局部技术上,又明显互有引用和借鉴。从分布状况看,闽西南只流行土楼,几乎不见围屋和围龙屋;赣南则主要流行围屋,但在早期围屋中,有极少数土楼和围龙屋。粤东北主要流行围龙屋,但兼有围屋和土楼(反映了梅州地区,作为客家发展的成熟地,文化上的兼容性)"。

④赣南的"围堡防御式"民居可以划分成围屋民居、城堡式民居与炮台民居三大类。赣南围屋民居不包括城堡式民居与炮台民居这两类同样带有坚固防御设施、用于家族聚居的民居,理由是城堡式民居不是四面用房屋围合封闭,而是用围墙或城墙围合;而炮台民居的炮楼是建在四面围合的房屋之外,家、堡呈分离状,不是"家、堡、祠"三者合一。

城堡式民居,万幼楠与赣南一些学者通常称之为"村围"。万幼楠认为:"所谓村围,即将整个村庄都包裹在内的围子。它与围屋的区别在于:围屋一般是由某一位财主一手策划,统一布局设计而建的,围内居民都是他一人的后裔,因此构造较精工,整体性能好。村围则往往是先已有一个同宗(也有不同宗姓的)的自然村,后因安全的需要,聚众捐资出力做起的环村之围。因此,它面积一般较大,平面多呈不规则形状,围内建筑大多杂乱无章,炮楼、门楼根据需要而定。大的围堡村落常常也按东西南北设四门,村门形式一般都仿城门样式,门顶有炮楼和相关防卫功能设施。这种村围,赣南几乎各县都有,盛行围屋的地方,同样也盛行村围,有的围屋还建在村围之内,如龙南的栗园围(图1-2)。"

炮台民居,本是指带炮台的"厅屋组合式"或围龙屋式民居,后来专指由炮台本身转换而来的民居。炮台的建筑形态似一座放大而独立的方形炮楼,故当地人称之为"炮台"或"碉楼"(图1-3)。这类民居与围屋的最大区别,就是将防御区与生活区彻底分开,不再像围屋那样两个区域紧密结合成一个整体。这种"炮台"式围屋,在当年并不是日常居民生活聚居之地,而是遇寇盗侵犯之时方迁入的临时避难防御所,故又被称为"保家楼"。其建筑年代基本上集中于清代中晚期的动荡岁

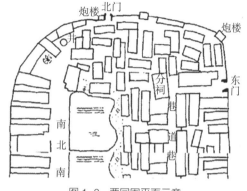

图1-2 栗园围平面示意

图1-3 寻乌县留车乡上寨村下新屋炮台

月,一般由居住在旁边村落的家族合资建造。

总体来看,韩振飞与万幼楠两位先生,对赣南围屋的定义与识别指标,基本上相同。他们都特别强调四面用房屋围合封闭,外墙中设有炮楼、枪眼等防御设施,由一个同宗共祖的家族聚居这三个要点。

不可否认,韩、万两位专家,对赣南客家围屋民居的调查与研究,倾注了大量的心血,取得了引人注目的成绩,以至于后来的学者与媒体,只要说到赣南的客家围屋民居,必然要沿用他俩的观点。可以说,这两位专家对赣南客家围屋的认识,已经得到社会各界的普遍认同。

第二节
赣南围屋民居的类型

不过,我们认为韩、万两位专家对赣南客家围屋民居的定义与识别指标,特别是对赣南客家围屋民居的类型认识尚有许多值得商榷的地方。

①韩振飞先生给出的围屋定义与考量指标,看起来操作性很强,但有些指标明显很难达到。如赣南最小的围屋——猫柜围,面积只有225平方米,达不到他设定的最小500平方米的标准,更谈不上空间体量硕大。另外,"一座围屋内部的居民,必定是一个父系大家庭的直系血缘后代,换言之,同一围屋内的居民,必然是同姓、同宗,甚至同一开基祖的直系血缘后代,他们之间有着十分密切的血缘关系"。这一论点也太过绝对,因为龙南县①后来就调查发现了"二姓围""八姓围",甚至"十姓围"。还有,围屋内"必定建有一栋或一间祠堂"以及在定义中"提供家、堡、祠"三种功能中的"祠",在有些"口"字形围屋中,"祠"并不存在。

②万幼楠先生给出的围屋定义与考量指标,过于注重围屋建筑本身的独特性,有刻意将围屋与闽西土楼、粤东围龙屋相区别之感。虽然他也知道闽西土楼、粤东围龙屋与赣南围屋"从出现的背景和时间来

---

① 2020年,国务院批复江西省调整赣州市部分行政区划,同意撤销龙南县,设立县级龙南市。

看,几乎是相同的。从三者的共性来说,都有聚族而居、强调设防的特点",但他只把加设了炮楼的土楼与围龙屋认同为围屋,没有加设炮楼的则排除在围屋之外。其实,从形状上来说,围屋、土楼、围龙屋,只有围龙屋比较好区分,因为它是半圆形的民居。首先,土楼由于既有圆形,又有方形,而方形土楼与围屋中的"口"字形空心方围就很难区分。其次,"国"字形的实心方围与围龙屋的最大区别,也就是最后一杠堂屋是直线还是弧线的区别,这种区别对村落的布局与功能是没有影响的,只是风水信仰上有所区别而已。再从防御功能上来说,有没有炮楼,对防御功能的影响并不大。很多土楼(广东称土寨)因为层高比围屋更高,墙体更厚,其防御性能是胜过围屋的。况且,赣南的很多围屋也不是一致性地配备有四角炮楼,有的一座围屋只有一到两个角上有炮楼,还有的一个炮楼也没有;最后,从分布地域上来说,三者也是交叉分布的,如福建土楼,虽然以圆形土楼最引人入胜,但方形土楼的数量并不比圆形土楼少,而且方形土楼与圆形土楼通常交叉分布在一个村庄之中。因此,鉴于围屋、围龙屋与土楼都是一种围合围闭型的民居建筑,最好都把它们统称为"围屋",没必要去刻意区分。

③万幼楠先生把赣南的"围堡防御式"民居划分为围屋民居、城堡式民居与炮台民居三大类型。我们认为这种划分会让这三者很难区分,还会造成很多问题无法解释。既然这三种民居都是"围堡防御式",在功能上都强调防御性,怎么能根据形状就去把它们分成三种不同的民居呢?实在要分,也是根据它是一个村落还是一座房屋,将它们划分为两类——围村与围屋,即将城堡式民居——围村独立出来。因为围村与围屋的区别还是很大的:围村通常是全村集体出资出力修筑的,目的是保村卫族;而围屋通常是单个财主出资出力修筑的,目的是保家卫己。三代五服之后,往往一个家庭就繁衍演变成一个家族,其团居在一起的一栋大围屋就演变成一个多家多户的村庄,所以仍然没有必要刻意去区分是围村还是围屋。更不能将城堡式民居,仅根据其外围

是用围墙还是房屋去围合封闭就划分为两类:用围墙围合封闭的,划分为城堡式民居(围村);用房屋围合封闭的,划分为围屋民居。这种划分方法,也许在建筑学上有一定的意义,但在社会学上意义并不大,甚至还会造成围屋民居的很多社会学问题无法解释。

④对于围屋的建造者与居住人,虽然万幼楠先生也认识到"围屋一般是由某一位财主一手策划,统一布局设计而建的",但他仍然强调围屋的最大特点是"聚族而居"而且"客家人的聚族而居,与唐宋以前那种'同财共居'的大家族式的聚族而居还有所不同。客家人的聚族而居,实际上是一种'异财同居'的小家庭式的聚族而居,只不过是由一个同宗同祖的小家庭形成的'同居异财'的生活模式。"

这种认识,显然是根据围屋的居住现状去判定的,没有考虑在围屋的始建年代,里面住的到底是一个家庭,还是一个家族。要知道,在明清时期,家庭实行一夫一妻多妾制,一夫生育十几个儿子是司空见惯的事,因此一个家庭有几十上百号人口,是非常正常的。再说,明清时期,已经出现了资本主义萌芽,中国的封建宗族制度受到很大冲击,追求个性自由、生活独立已是大势所趋。我们在一个村庄中经常看到,一座围屋再大,即使能容纳全村的所有家庭居住,但其旁边仍然有大大小小的其他围屋与其成群分布,共同组成一个村庄。比如2012年入选《中国申报世界文化遗产预备名单》(以下简称《申遗名单》)的8处赣南围屋中(表1-1),其中的3处围屋群与燕翼围、乌石围所在的村庄,都是围屋成群分布的村庄。这些围屋群明显昭示了同村的几座围屋的主人都是单个家庭,并不存在什么"聚族而居",如关西新围与关西老围(西昌围)及其旁边的鹏皋围、田心围、福和围等,就是由财主徐名钧的家族成员各自建造,他们并没有为了对付所谓的"土著"势力去合力建造一座特别高大、坚固的围屋。龙南县杨村燕翼围的主人是赖福之的长子赖从林,而赖从林的两个弟弟赖德林(永臧围)与赖衡林(光裕围)也不与他共同居住在一座燕翼围内,而是兄弟三人都建有属于自

表 1-1　入选《中国申报世界文化遗产预备名单》的赣南围屋列表

遗产编号	遗产名称	所处区域	构成	建造人
赣南围屋-1	关西围屋群	龙南县关西镇关西村	西昌围	徐名钧父亲与兄弟
			田心围	徐名钧叔父
			关西新围	徐名钧
			鹏皋围	徐名钧二哥徐名培
			福和围	徐名钧后代徐绍禧
赣南围屋-2	雅溪围屋群	全南县龙源坝镇雅溪村	雅溪土围	陈受硕、陈受颖叔侄四人
			雅溪石围	陈受颖之子陈先学
赣南围屋-3	东生围屋群	安远县镇岗乡老围村	尉廷围	陈庆昌三子陈尉廷
			东生围	陈庆昌长子陈朗廷
			磐安围	陈朗廷次子陈茂芳
赣南围屋-4	燕翼围	龙南县杨村镇	燕翼围	赖福之长子赖从林
赣南围屋-5	渔仔潭围	龙南县里仁镇新里村	渔仔潭围	李遇得
赣南围屋-6	虎形围	定南县历市镇车步村	虎形围	方日辉
赣南围屋-7	明远第围	定南县历市镇修建村	明远第围	谢氏
赣南围屋-8	乌石围	龙南县杨村镇乌石村	乌石围	赖景星

己的围屋。特别是燕翼围建造者赖从林的四个儿子又不与父亲同居一屋,各自分离出去建造属于自家的新围屋(新屋围、新围、细围、怀安堂),甚至他的孙子也单独建了一栋敬安堂围屋,共同组成了一个以赖福之为祖宗、子孙三代共建了8座围屋的家族围屋群。

　　⑤事实上,即使到清代晚期,仍然有很多围屋或围村是全村集体建造,甚至有些"口"字形的空心围屋都是由多个姓氏家庭合建的。如龙南县桃江乡水西坝的八姓围,据长辈介绍,是清朝末年由县城八位富商为避战乱而合伙建筑的一座小围屋。围屋内建有八姓人共有的一个大粮仓和燃料库,面积占去大院的一半,备有全围人可吃两年的粮食与燃料。围屋内没有厅厦,但有一口水井。在龙南县桃江乡水西坝还有一座二姓围,建于清乾隆年间。传说欧阳与刘姓先祖两人,合伙做木材生意发大财后,便决定合建围屋。围屋里纵横5条院落,近200间住房。围屋内建有欧阳和刘姓厅厦各一幢,但两姓人家混合居住,每个院

落都有两姓人,开门相见。在龙南县桃江乡清源村还有一座十姓围,也是建于清乾隆年间。这些二姓、八姓、十姓合建的围屋完全颠覆了以往专家们关于围屋是"聚族而居"的传统观点,更证明了不管是"口"字形的空心围还是"国"字形的实心围,其本质与围村是同样的,围合、封闭的目的就是为了更好地防御外敌的入侵。

上述五点疑问,提示我们有必要对"赣南围屋"这个民居概念及其类型等原则性问题进行新的诠释与新的分类。

由于时间跨度长、分布地域广,赣南客家民居无论从平面布局的形状到大小体量、建筑材料,再到民居建造者的社会地位,等等,都有很大的差别。面对如此复杂多样的赣南民居,要从中分辨出什么是围屋民居,我们认为只能抓住一个中心——围合封闭,即回归"围屋"的本意——围起来的房屋。由于"屋"在赣南方言中的含义主要是"屋场"即村落之意,而屋场可大可小,一家或几家是一个小屋场,几十家上百家是个大屋场,因此一座"围屋"既有可能是一家的围合型住宅,也可以是几十上百家的围合型村落。也就是说,赣南所有的围合型民居建筑都属于广义的围屋,而单家独户的围合型住宅是狭义的围屋。由于狭义的围屋绝大多数是从府第式(又称堂横式)民居外加一圈围屋演变过来,平面布局很容易表现为"日""目"或"国"字形,我们可以把它们统称为实心围屋;由多家多户民房组合而成的围合防御型村落则是围村(包括土城、土堡、土围与围龙屋等);至于由碉楼、炮楼这类军事防御工程与军队营房、手工工场改造过来的民居,由于其平面布局基本都呈"口"字形或"O"形,我们可以统称其为空心围屋。

事实上,2012年成功入选《申遗名单》的赣南围屋就包含这三大类型。

第一类是围村:用很厚的城墙或较薄的围墙围合封闭的村庄。以《申遗名单》中的西昌围为例。

第二类是空心围屋:中心没有任何堂屋建筑的围屋。以《申遗名单》中的雅溪土围、雅溪石围、燕翼围等3座围屋为例。

　　第三类是实心围屋：中心有堂屋建筑的围屋。以《申遗名单》中除上述4座围屋之外的11座围屋为例。实际上，这11座实心围屋在平面布局上仍然差别很大，我们将其分为"回"字形或"国"字形的四面通方围（以关西新围、渔仔潭围、明远第围为例）、"冂"形的三面通方围（以东生围屋群为例）、"∩"形的前方后圆围（围龙屋，以乌石围为例）、不对称形围（以田心围、鹏皋围、福和围、虎形围为例）等四种亚型。

第三节
赣南围屋的建筑布局

　　下面，我们就分类介绍上述三大类型围屋在建筑布局上的特征。

一、围村的平面布局

　　围村是指用很厚的城墙或较薄的围墙围合封闭的村庄。围村一般是在碰到战乱的年代，为保卫全村人民的生命与财产安全，由全体村民在原有村庄的基础上加建城墙或围墙，以及用于防御的城门或门楼、枪炮眼，甚至护城河等防御设施而形成的。其平面布局既有方形、圆形或椭圆形，亦有不规则形，依村内原有民居的分布形状而定。围村的占地面积较大，一般都有上万平方米。大的围村常常按官城的布局，设有东西南北四门,村门形式一般也都仿城门样式,门顶有炮楼和相关防卫功能设施。村内的民居一般按街巷平行布局,一户一栋,每户之间不共墙。因各地叫法不一样,围村包括以下三种。

1.土城

土城是指用城墙围合封闭的村庄。一般曾有过被官府借用作为巡检司、军队等官方机构驻地的一段历史,所以人们称之为城,以便与乡村有所区别。另外,称土城也是为了与官府修筑的官城相区别。土城的城墙比普通围村的围墙要厚得多,一般厚度在1米以上,且城墙独立于民居之外,城墙上设有城垛、墁道、城楼,有的还有炮楼、马面,可与官城相比肩。

赣南的明代土城大多建于明代的中晚期(详见表1-2《明代赣南土城土围调查表》)。根据史料记载,土城要经过官府批准方可营造。如大余县的杨梅城和南康县(今南康市)的谭邦城,皆因族人当年曾追随

表1-2 明代赣南土城土围调查表

序号	城名	建造时间	位置	规模
1	允臧城	始建于正统年间,正德三年(1508年)有官军驻守	大余县新城镇	周长80余丈(1丈约等于3.33米)。
2	峰山城	正德十二年(1517年)	大余县新城镇新城圩	城形狭长,南濒章水,北靠公路,面积约50万平方米。中华人民共和国成立后,为扩建圩镇需要,城墙被陆续拆除,仅存东门附近百余米。
3	谭邦城	正德十二年(1517年)	南康县坪市乡	南北长约200米,东西宽约200米,占地面积约4万平方米。历经战乱的毁坏,现仅存南门和3段城墙,总长约150米,最高处约4.2米。城内人口489人,皆为谭氏族人。

续表

序号	城名	建造时间	位置	规模
4	杨梅城	始建于正德十三年（1518年），落成于嘉靖四十四年（1565年）	大余县池江镇杨梅村	周长250丈，高1丈7尺（1尺约等于0.33米），四门，东、西、南皆是池塘，北近官溪。长约350米，宽约200米，周长1100米，总面积7万余平方米。
5	蔡家城	正德年间	上犹县营前镇	外墙周长344丈，高1丈4尺5寸（1寸约等于3.33厘米），内墙287丈，自东抵西1300丈，南北如之。1949年后尚见城墙残构，现地面遗存已难觅。
6	羊角水堡城	嘉靖二十三年（1544年）	会昌筠门岭镇	"周围三百丈，高三丈有奇"，城辟东、南、西3门，整个城堡占地约6万平方米。今天，城墙保存基本完整，尚有居民300多户、1200多人，均为周姓。
7	小溪城	嘉靖三十五年（1556年）	大余县池江镇新江村	周长230丈，四门，东南至官河，西至大坳岭，北至福桥。
8	水南城	嘉靖四十年（1561年）	大余县南安镇	周长424丈3尺，东南西为城墙，各有门楼，北濒江，高1丈5尺，厚7尺，东西有墩及望江楼。
9	曹家围	嘉靖四十三年（1564年）	大余县左拔镇云山村	城堡呈不规则圆形，用生土筑成，现存长约400米、高3.6米、厚1.8米。堡占地面积约6600平方米。原辟有东、南、西、北4个大门楼，现仅存北门（平阳第）和南门。城内由500余间民房、1个家族总祠和4个分祠堂组成。
10	新田城	嘉靖四十四年（1565年）	大余县青龙镇二塘村	周长117丈，东西2门，庵2座，为宾饯之所，名曰高云。

续表

序号	城名	建造时间	位置	规模
11	凤凰城	嘉靖四十四年(1565年)	大余县青龙镇元龙村	周围260丈,厚1丈,高1丈6尺,有3门楼,公馆1所,社学1所,义仓1所。官塘2口,分别为娥习塘与员塘。
12	九所城	嘉靖四十四年(1565年)	大余县池江镇九水村	周围21丈5尺,只开1门,四周皆官田,古塔1座。城长50米,宽40米,周长180米,面积20000平方米。城墙高约2米,系青砖混合砂浆砌筑。

此表根据刘和富、王元林《明代赣南"土城"的修建探索》与万幼楠《王阳明与赣南客家地区防御性民居的发生与发展》等资料制作。

王阳明征讨山贼土寇,官兵撤走后,族人因怕贼寇报复,经请示官府特批后,才敢效仿官府城池构筑土城。

杨梅城　位于大余县池江镇杨梅村。周长250丈,高1丈7尺,四门,东、西、南皆是池塘,北近官溪。长约350米,宽约200米,周长1100米,总面积7万余平方米。元明鼎革之际,王氏开基祖王必泰为躲避兵乱,从吉水县南迁至大余县杨梅山。正德十三年(1518年),王阳明率兵平谢志珊、蓝天凤诸贼,王氏追随官府参与剿贼。王氏为避免再受盗贼侵扰之苦,奏请官府筑城以守备,于正德十三年(1518年)奏允建城(图1-4)。

图1-4　杨梅城平面示意

2.土堡

土堡与土城没什么区别,只是

福建人惯用土堡名称。如修筑于明代万历年间的福建连城新泉村的张氏土堡与漳浦县湖西乡硕高山的赵家堡,与赣南的土城一样,在族谱中都记载有官府批准筑堡的经过。

3.土围

土围是赣南人的常用名称,一般指建于地势较低的平地上的围村,面积一般比土城或土堡要小一些。土围的围墙一般随村落地形走势而建,围墙较薄,如同民房承重墙,高在 2 米以上。围墙的建筑材料主要为砖石,有的局部也用土砖。很多建于明代或清初的土围,由于后来人口繁衍,需要更多房屋居住与使用,就靠着围墙搭建了围屋,形成不规划的围屋形状。

西昌围 位于龙南市关西镇关西村。由关西新围主人徐名钧祖辈及其兄弟建于明末清初。它地处蛤蟆形的山岗上,是一座不规则的围村,占地面积为 5257 平方米,有乾门和坤门两座大门(也叫大围门、小围门)。村内以祖祠堂为中心,前后左右各建有 6 幢厅堂和 1 幢观音厅,建筑时间和风格各不相同。各厅互不相连,因时而建,因势而建,自成一家,各具特色。从图 1-5 上可以看到大部分围墙上都搭建了房屋,围墙剩下不到四分之一。

图 1-5 西昌围平面示意

曹家围 位于大余县左拔镇政府西面约一千米的一个小盆地中。始建于明嘉靖四十三年(1564 年)。村外围有 3 米高的干打垒围墙,围成不规则的圆形,总面积 5 万平方米,建筑面积 4 万平方米,围内约有 40 个院子,500 间房。围村有正门和后门,前、后门上均建有阁楼。正门朝向西北。进正门为一长 180 米、宽 3.55 米的主巷道，尽头为总祠堂。两侧有一条约60 米长的横巷道，横巷道两端又各有一条约 90 米长的纵巷道，与主巷道平行的还有一条约 2 米宽的纵向巷道。主巷道两侧，各有两三条 1~1.5 米宽的横巷道，横巷道内各有几个独立大院。围内还有四个分祠堂，两眼水井。

二、空心围屋的平面布局

空心围屋是指中心没有任何堂屋建筑的围屋。其平面布局既有方形也有圆形，甚至多重方形或圆形。从其建筑布局可以看出，空心围屋最初肯定不是民居建筑，而是一种军事防御性建筑，或者是部队与农场的营房与厂房。因此，空心围屋可以分为以下四种。

1. 水楼

水楼一般建于平地，四周还有水池环绕，故称水楼。水楼内一般有个小天井，四面各有一间房屋，高有三四层。底层不开门、不开窗，用可以收放的吊桥从二楼开一个门出入。二楼以上的四面墙上密布枪炮眼。赣南的水楼，主要分布在崇义县西南部的聂都、沙溪、关田三个乡镇，约出现于明代中期，毁于清代晚期，现只存留部分残墙遗迹（图1-6）。与水楼类似的，还有所谓"炮台"式民居，主要分布在寻乌县南部的晨光、留车、菖蒲和南桥等乡镇。据 2011 年第三次全国文物普查资料统计，"炮台"式民居现存数量 20 余座。其建筑年代基本上集中于清代中晚期。主要特征为外观类似围屋的角堡，是一座放大而独立的方形炮楼。层高一般为四五层，每层都设有外小内大的枪眼或望孔，屋顶为叠涩出檐硬山顶。顶层主要为警戒或作战用，以下楼层为避难居民使用。平面大多为矩形，有的为正方形（图1-7）。底层设有一门，围内一般

图 1-6 聂都周氏水楼遗迹

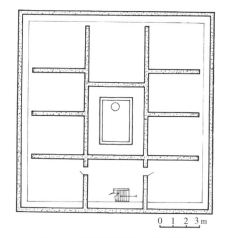

0 1 2 3m

图 1-7 寻乌司马第炮台平面示意

辟有水井。构造上,外墙基本上都是以石块为主料,混合在强度很高的三合土灰中构筑,多见为片石砌墙、条石勒角,墙体厚度在50~100厘米,比一般民居更厚实坚固,门窗和枪眼则用青砖或条石精构;内部房间隔断墙则用土坯砖,楼层、楼梯和屋顶皆用杉木材料制成。水楼与炮台是纯军事防御工事,很少有改为民居使用的。

2.围楼

围楼一般建于地势较高的台地上。平面布局是"口"或"O"字形,所有房屋按平面呈方形或圆形分布在四周,围屋中间没有厅堂等核心建筑,但必有一口水井。四角一般布局有炮楼,全围只有一个大门可以出入。内墙二楼以上加装走马楼,外墙一楼不开窗,二楼以上开小窗及枪炮眼,有的在最高一层还建有外走马楼。围楼是一种放大的水楼或炮台,主要用于战时的军事防御,也可以用作平时居住或贮藏财产,所以常被称为保家楼。

赣南围屋中,最小和最高的围屋都是空心方围。空心方围的占地面积较小,一般只有400~1400平方米,而外围的房屋又较高,普遍在

18

三四层,所以显得比较高,防御性能明显要优于实心围屋。

赣南代表性的空心方围有龙南市杨村镇的燕翼围和细小围、理仁镇的沙坝围、桃江乡的八姓围,全南县的雅溪土围与石围等。其中燕翼围与雅溪村的土围、石围,都入选了赣南围屋申报世界文化遗产的预备名单。

燕翼围　始建于清代顺治七年(1650 年),因工程浩繁,耗资巨大,费时二十七年,历经三代,至康熙十六年(1677 年)才竣工。因其高大固守,当地群众俗称其为"高守围"。

燕翼围的平面布局为长 41.5 米、宽 31.8 米的长方形,占地 1368 平方米。四面围合,呈"口"字形,中间是禾坪,四周围屋基本对称。前、后围屋相距 27.75 米,左、右围屋相距 18.23 米。坐西朝东,东边围门是唯一出入口,东北角和西南角各设有突出的守阁炮楼。以正对大门的门厅和后堂为中轴线,左右对称布置房间。门厅与后堂的开间明显要大于左右两侧的次间,四角的梢间为楼梯间。前后是 9 开间,通面阔31.55 米,进深 6.60 米;左右是 8 开间, 通面阔 25.52 米, 进深 6.60 米, 每层有 34 间(图 1-8)。围内布设有两口暗井,一口是水井,一口是埋藏大量木炭和蕨粉的旱井。这两口暗井在平时填土封闭,只使用大门外侧的一口明井,只有在战时危困时人们才会掘开暗井以自救。

雅溪土围　位于全南县龙源坝乡雅溪村,正名是福星围,只因同村还有一座用石块

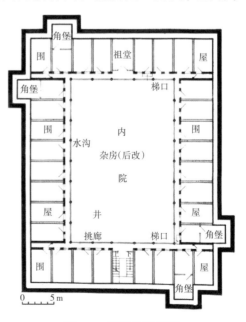

图 1-8　燕翼围平面示意

砌筑的"石围",故俗称"土围",建成于清戊午年（1858 年）。坐北朝南，平面呈长方形，通面阔 5 米、宽 19.65 米，进深 6 米、长 28.7 米，占地面积 564 平方米，建筑面积约 1225 平方米。高三层、通高 11.26 米，围屋外墙高 8.9 米、厚 0.5 米，其中 2.2 米以下墙体由自然块石砌成。南北有一条中轴线贯穿，依次为门厅、内院或天井（相当于三堂式建筑的"大厅"）和祖厅，隐含赣南民居常见的三堂式建筑，两边房屋基本对称布局（图 1-9）。天井院中有一口水井。土木结构，梁架隔扇。围屋内，二、三层设有内走马，可以四周通达。其内走马廊的吊柱结构较有特色，上下柱之间没有榫卯关系，完全靠自重顶压固定。平面布局类似杨村乡的燕翼围，但四角没有炮楼，只有炮角。

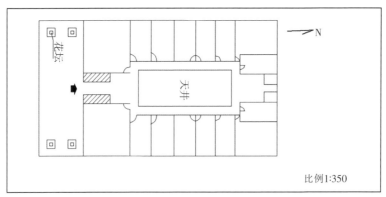

图 1-9　雅溪土围平面示意

雅溪村的另一座用石块砌筑的石围，平面为正方形，面阔三间，纵深四间，门厅与祖厅的开间较一般房间要大（图 1-10），高四层，对角有两个炮楼，防卫性能明显优于土围。

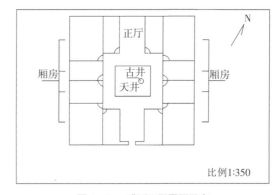

图 1-10　雅溪石围平面示意

3.营房

据《虔台志》记载,南赣巡抚下辖的八府一州有"卫所官一百六十四员,军二万八千七百余名,寨隘二百五十六处,专防山洞之寇也"。嘉靖年间,由于匪患猖獗,官府不仅在各要害处增设"巡检司、寨、营",而且将许多老的"司、寨、营"进行了重修加固,普遍增建城垣或将土墙改为砖墙。这些司、寨、营,大的建筑布局可能是土城土堡,小的军队营房就是方形或圆形的围楼。这种营房式围楼,因为本来就是军队驻地,是盗贼不敢光顾之地,因此建筑立面以适合集体居住为准,会开一些小窗小洞用来采光通气,一般没有炮楼炮角。福建漳州的博平岭山脉,地处沿海,出于防倭寇的需要,驻扎有较多的军队,现在留存下来的一些或方或圆的明代大土楼,估计就是当时的驻军营房。另外,赣南山区的一些空心围屋,如龙南市杨村的燕翼围等,也有可能最早是军队或军户的营房。

4.厂房

明朝正德年以后,葡萄牙、西班牙、荷兰等西方殖民强国已派商船进入中国东南沿海开展贸易。但由于明朝廷实行禁海政策,沿海民众被迫私自与这些西方商人进行走私贸易。由此引发福建、广东沿海山区甚至延伸到内陆腹地的赣南地主都成为"寄庄地主(又称"在城地主")",投资种植与加工出口农产品的基地。他们雇佣大量佃农从事烟叶、甘蔗、蓝靛、苎麻等的种植与加工,建立起中国最早的一批出口商品加工厂。这些加工厂的厂房是或方或圆的围楼式建筑。遇到战乱年代,加工厂的主人破产逃亡后,厂房有可能会被改为民居继续使用。

象形围 位于龙南市东江镇三友村。这座空心围屋是双层的连环套,平面布局为标准的"回"字形。外层的空心方围为长方形,前后为短边,左右两厢为长边。前杠除了两侧做炮楼的梢间外,为 7 开间,其中 3

间为门厅，只剩下 4 个房间；后杠 11 开间，中间的后堂与两侧次间的大小基本一致；左右两侧横屋也是 11 开间。四角有炮楼。围屋大门门楣上刻有"象形围"三字。内围为不带炮楼的"口"字形空心围，正方形各条边长设置 6 开间。内围的大门与外围的大门在一条线上（图 1-11）。这种内外两个"口"字形空心方围套在一起，形成一个"回"字形的双层空心方围，为赣南所仅有，

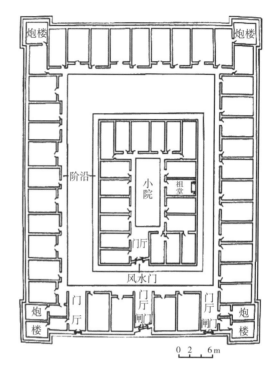

图 1-11 三友村象形围平面示意

显得特别独特。据当地家谱记载，清代乾隆丙戌年（1766 年）十一月安福公与海东公从南亨乡三星村迁此至建围，全围均为叶姓。我们分析，内外方围的建筑时间有早晚之分，估计是先有外围，后来因人口增加，住房紧张，就加建了一圈内围。

在赣南，不但有双层方形的空心围屋，还有双层圆形的空心围屋。

长富圆围 位于定南县龙塘乡长富村。它是 1995 年万幼楠到赣南调查围屋时发现的。据称这是赣南目前所发现的唯一的一座最接近福建土楼的圆楼。其平面呈同心圆状，直径 39 米，圆心为地面用河卵石铺成八卦形图案的院坪，围屋为双圈圆形，只有一座大门出入（图 1-12）。据该村的黎为翰先生介绍：该围原系马姓人创建，约建于清初，后因受外人的欺压而迁走，于是被黎姓人所占有。黎姓是清乾隆十三年（1748 年）自广东迁来的。圆楼人最多时，曾住有 27 户，100 余人。现

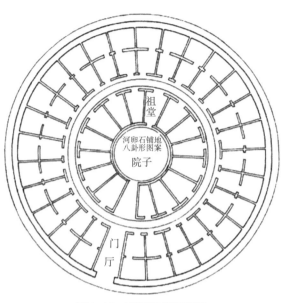

图 1-12　长富圆围平面示意

图 1-13　黄竹陂圆围

破旧不堪,内中住户大多已迁出另外择地而居。这个情况正好符合我们上述有关这种圆形土楼在建造之初是农场厂房的推测。估计是马姓农场主在明清变更之际破产逃亡了,此楼就被后来从广东迁来的黎姓人占用了。

据万幼楠介绍,赣南的圆形土楼主要散见于定南、龙南、全南、瑞金、石城等地,但绝大多数已本地化,如用土坯砖墙,体量变小或四角加构碉堡等。然而在"三南"尚存有屈指可数的几座圆土楼,颇有闽式土楼味。如龙南市临江乡的黄竹陂圆围是座平面呈圆形、在一面切去约四分之一的土楼。其切面处为五开间,当心间为围门(图1-13)。围门构造如城门楼做法,即上为悬山式敌楼,下为有厚实大闸门的门洞。土楼建于清乾隆年间,砖石基脚,土坯砖墙体,高两层。从围内民居建筑的布局来看,我们认为这明显是一座圆形土围,类似上面介绍的大余县曹家围,并不属于空心围屋类型。

| 三、实心围屋的平面布局 |

实心围屋是指中心有厅屋建筑的围屋。其平面布局与空心围屋一样，既有方形也有圆形，甚至多重方形或圆形，两者唯一的区别就是实心围屋中心有一栋或一组厅屋组合建筑。

实心方围是赣南围屋的主流形式，是赣南诸多围屋形式中数量最多、流行最广的一种围屋类型。很多学者定义的"集家、堡、祠三项功能于一体"的围屋，实质上指的就是这种类型的围屋。

1.平面布局特性

（1）向心性

实心围内所有房间的朝向，都具有浓厚的向心性。而这个所向的中心，就是围内那栋最大的厅堂。这个厅堂，当地方言称之为"厅厦"，一般在上厅靠后墙的位置设置有神龛与神台，供奉着开基祖以下的祖先牌位，所以又被称为"房祠"或"某某公祠"。据此分析，这栋所谓的"宗祠"在开基祖在世时就是全围屋的厅堂，只是在开基祖过世后，其子孙为了感恩祖先打下的基业，最早在厅堂的上方悬挂祖先的画像以示纪念，百年之后，五代以上先祖的画像挂不下了，才改作神龛，用来放置祖先的牌位，所以才具有了宗祠的功能。但厅厦的主要功能还是全围居民的公共活动场所，在这里举办红白喜事以及节日宴会、召开会议，甚至兴办夜校。因此，厅厦在全体围民心目中有着至高无上的地位，成为整个围屋家族强大内聚力的体现。

厅厦虽是单层建筑，层高有时还低于它的外围墙或围屋。但在整个核心建筑中，它是最高的，而且与旁边层高两层的堂屋不同的是，它虽层高有两层，却不分层，所以厅厦的内空较高，给人以崇高的感觉。

因此,无论是从平面还是立体的角度来看,厅厦体现的都是中心扩散、向内聚集的文化含义。如同一位家族中的智慧长者镇定居中、发号施令,周边族人依令行事、排列有序,一切井井有条。总而言之,赣南实心方围强烈的向心内聚的空间布局,反映了封建宗族的尊卑秩序,是宋明理学精神在建筑上的典型再现。

（2）对称性

厅厦的上、下两厅或上、中、下三厅位于围屋的中轴线上,围内四周所有房屋都对称分布在其周边,以此突出厅厦的中心所在;周边建筑左右、前后严格对称,主次分明、结构严谨。无论房屋发展到多大规模,始终是以中厅为核心,以厅厦为中轴,向前后逐步延伸,向左右对称发展。

（3）组合扩展性

实心方围有小有大,其大小主要由围心的厅厦与主房的大小决定。从其最简单的一明两暗的三间过,发展到两堂两横、三堂两横,直至九进十八厅那样的大府第,无不体现其成组向前、左右不断扩展、延伸的特点。此模式在选址开基之时就藏下了发展的势头。这种扩展性反映了客家人希望子孙发达、开拓进取、不断向前的心愿。

2.平面形状分类

赣南的实心围屋,按其平面形状,又可以分为"回"字形实心四方围、"冂"形实心三方围、不对称形实心方围、"◎"形实心圆围及"∩"形实心半圆围等五种亚型。

（1）"回"字形实心四方围

"回"字形实心四方围的平面布局为围内的院落或天井呈"回"字形,即核心建筑与四周围屋是分离的,围屋的二层走马楼四周畅通无阻。这种布局大多是按南宋朱熹所著《家礼》中的"祠堂之制"进行布局,遵循着儒家的礼制。《钦定四库全书》记载有南宋著名理学家朱熹撰写的《家礼》,在卷一"君子将营宫室先立祠堂於正寝之东"条,对"祠堂之制"有详细的描述,并配有一张祠堂建筑形制图(图 1-14),要求儒家弟子严格按此制度营造祠堂。对照之下,赣南很多的实心方围,其实都是遵循朱子的祠堂建筑形制去布局的。

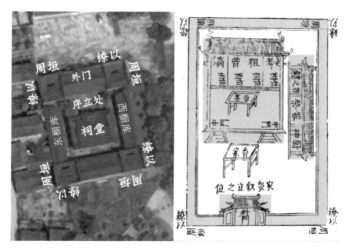

图 1-14 朱熹《家礼》中的祠堂形制

实心方围平面布局的变化,首先表现在中心建筑的形制变化上,有的里面就是一明两暗的"三间过",有的是前后两排"三间过"加左右厢房围合成的一井两厅的府第,再扩展下去,两井三厅,甚至九井十八厅的大型府第;其次表现在四角位置上,有的四个角上都设置有炮楼,有的只有一个、两个或三个角上设置了炮楼,还有的甚至一个炮楼都没有;第三个变化表现在实心方围的向外扩展上,有的在一侧多加了一杠横屋,有的在两侧各加了一杠横屋,还有的向后扩展,再加一杠堂屋。总之,形制变化多样,并不仅仅是大家印象中的四角方围。

龙光围 位于龙南市桃江乡清源村上左坑小组。坐南朝北,平面为长方形,宽52.6米,深47.7米,占地2509平方米,围墙高10米。围屋中央是两进五开间的厅厦,厅厦两侧建有厢房,环绕中心建筑的是靠

图 1-15　龙光围模型

外墙而建的四周房屋,共64 间,房屋为两层,第二层设置有内外通廊,俗称走马楼,走马楼穿过炮楼四面环通。围屋开有一大围门和一小围门。大门正对厅厦大门,和厅厦连成一条中轴线。厅厦后右侧,为一方形石门,是方便人们从后面进出的小围门(图 1-15)。

渔仔潭围　位于龙南市里仁镇新里村,始建于清道光九年(1829年),道光十八年(1838 年)竣工。坐西朝东,呈长方形,面阔 55 米,进深45 米,占地 2475 平方米,平面布局呈"回"字形,四角建有炮楼,东西两侧围屋二层向内挑出,设有内走马。前院南侧为祠堂,坐南朝北,分为上厅与下厅,中有天井采光,上厅两侧还建有 10 间宗堂,为宗族议事、重大祭祀的场所,东西两侧与围屋有连廊连通。前院北侧设一道影壁和一口水井(图 1-16)。

图 1-16　渔仔潭围模型

关西新围　位于龙南市关西镇关西村。平面布局呈长方形,四角有四个高大的炮楼。通面阔 83.4 米,通进深 91.96 米,占地面积 7426 平方米。整个平面为典型的"国"字形,南北有一条主轴线和两条次轴线,三进三列并排。当地百姓将之概括为"三进四围五栋、九井十八厅、一百九十九间"。三进,是指中心主体建筑共有三个院落;四围,即四周围合起来的围屋;五栋,指中心主体建筑群共由五栋房屋组成;九井十八厅、一百九十九间,即有 9 个天井 18 个厅堂(实为 14 个天井,18 个厅堂），总共 199 间房子（图 1-17）。

围内建筑坐南朝北，以厅厦为中轴线，厅厦门前是大门坪。门坪两端仪门是通往四周房屋和大门的主要出入口，仪门东边为"日"字形，西边为"月"字形，意味着日月同辉，左侧有方形水井一口。隔门坪相对是一堵大影壁，并向两边延伸成隔断墙，影壁与走马楼之间是花园，5 米多高的影壁把花园与厅屋隔

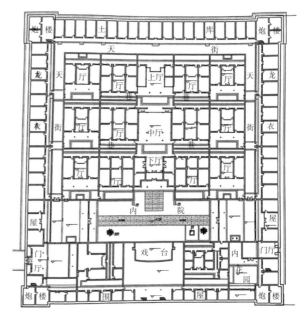

图 1-17 关西新围平面示意

开。花园呈方形，园内设有戏台，戏台前则是开合相间的二层小楼阁。

围内有 260 多间房间，大致分为三个等级，上等是厅厦建筑，其次是祠堂两侧主人居住的厅房，最次的是东西两边挨墙而建的围屋。

大门开在围屋厅厦前院的东侧围墙上，大小占两个开间。另外，在西侧围墙上还开有一个小门，通往西边的后花园。

整体上看，与围内以厅厦为中心的府第式大宅相配套的有内外花园、戏园、土库、偏房等建筑，其间以廊、墙、甬道相连，整个平面结构严谨、交通复杂但序列分明，家、堡、祠三大功能融为一体。

太公八角围 位于定南县历市镇太公村新屋垅，由郑氏先祖万佐公父子建于清咸丰八年（1858 年），是赣南唯一有八个炮楼的长方形围屋。平面布局呈长方形，面阔 60 米，进深 31.7 米，面积 1902 多平方米。由于围后是山体，前面是良田，围屋建设只能往左右两边发展，因此八角围正立面建有四座炮楼，后立面建有四座炮楼。围屋建成后，又在围

屋的左侧脱檐 3 米外增建了一栋郑氏私塾。太公八角围是一座集家、堡、祠、门坪四者功能为一体的方围，整座围屋前栋有一座大门，两侧各有两个小门。围屋内的中轴线上，分布有上中下三座厅堂，在厅堂的两侧构筑住房 136 间，人口最多时，居住郑氏族人 220 余人。

（2）"冂"形实心三方围

"冂"形实心三方围，把前排堂屋兼做了前面的围屋，实际上只有三面围屋。其内院或天井在平面上呈"冂"形，造成围屋的二层走马楼只能三面通行。这种形状的实心围屋，一般正前方开有 3 个以上的大门，与"九井十八厅"或称堂横式的府第民居类似。因为门多，封闭性较差，往往又在前面加建围墙与总门，这样就实现了四面围合封闭。因此，在平面布局上，这种类型的围屋是三面围屋加一面围墙。其前方视野开阔，且有大面积的禾坪与池塘，可以更方便人们出入与生活，因此此种围屋的数量大大超过"回"字形的实心四方围。这种类型的围屋在定南、安远两县特别流行，如入选《申遗名单》的安远县东生围围屋群，以及安远县的振麟围、龙南市杨村镇的杨太新围，都属于这种类型。

磐安围　位于安远县镇岗乡镇岗村，由东生围建造者陈朗廷次子陈茂芳建于咸丰十年至十七年（1860—1867 年）。坐南朝北，外围屋近正方形，面阔 86 米，进深 76 米，占地面积 6536 平方米，围屋三层高 9.35 米，砖木、石木混合结构。围屋和围内房舍均为悬山屋顶，外观不像东生围那样森严壁垒。围内中心建筑为一组三堂两横式房屋，像个小围，后排堂屋的两角还有炮角。外圈围屋四角各建一个四层高的炮楼，炮楼高 12.5 米，炮楼四周有射击孔。围屋的正北面有三扇大门，正门门额上镶嵌砖雕阳刻"磐安围"三个字。这是一座大围套小围，有六个炮楼的特色围屋。

尉廷围　位于安远县镇岗乡镇岗村，始建于清道光年间，一说系东生围创建人陈朗廷的父亲陈启廷所建，一说系陈朗廷的三弟陈尉廷所建。尉廷围坐东朝西,略呈长方形,面阔65米,进深37米,占地面积2409平方米,层高为两层,采用土木结构。平面布局与磐安围类似,正面也是开一大两小三头门。

东生围 位于安远县镇岗乡老围村。建筑平面呈矩形,面阔90.5米,进深67.6米,占地6117.8平方米。该围由三部分组成:一是外围高三层的四周围屋加四角炮楼;二是以厅厦为中轴线的三堂四横高两层建筑,这是全围的核心;三是在核心建筑与后排围屋之间的两排两层高的正房建筑。这三部分建筑平面,总共恰有200间房子(民间称"199间半"),这是围屋居民的居住和主要生活区。在陈朗廷建好东生围之后,其后代为了生活方便,又在围屋的大门前进行了扩建,扩建部分即围屋门前成弧线围合起来的那部分平房和禾坪、池塘。这部分建筑主要有门楼、杂间、牛栏、猪圈和厕所,占地面积约2288.99平方米。护围壕沟平均宽约3.5米,总长约246.7米,占地863.45平方米。扩建部分加起来总占地面积约9270.24平方米,东生围号称赣南占地面积最大的围屋(图1-18)。

图1-18 东生围平面示意

围屋是以设防性、封闭性为主要特征的民居,而东生围的雏形因是从"三堂四横"式民居发展而来,所以它跟其他预设性围屋仅设一孔围门出入不同,它设有七孔大门。后来把围屋门前的禾坪与池塘用围墙围起来,在北面设一门楼,作为围屋的总门,在南面设一小门,作为后门,从而解决了围屋门多,不利于防守的缺陷。

杨太新围 位于龙南市杨村镇杨太村。据《赖氏族谱》考证,该围由赖世柱始祖建于清嘉庆十八年(1813年)。属二层砖石砌外墙方形封闭式民居建筑,坐东朝西,东西宽53米,南北长70余米,占地面积约3710平方米,由院落、门厅、正厅、后厅及两侧住房组成。核心为三进式祠厅加后栋堂屋,左右各有两栋横屋。共有居室120间、炮楼4座,留5扇石门出入。前为一个面积1070平方米的大院,设一头总门(图1-19)。2008年12月龙南县人民政府公布其为第二批县级文物保护单位。

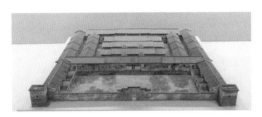

图1-19 杨太新围平面示意

此外,在寻乌县的省级历史文化名村——周田村还有好几座这种类型的围屋分布。因为其四角一般不带炮楼,所以常被专家们排除在围屋的范畴之外,视为"九井十八厅"的府第式民居。

(3)不对称形实心方围

在赣南围屋入选《申遗名单》中,龙南关西围屋群的鹏皋围、田心围与福和围,还有定南县的虎形围等四座围屋都是不对称形的实心围屋。它们的平面布局似乎昭示着有些实心方围在建造之初,设计者的想法只是建一栋堂横式的府第建筑,后来在居民的生命与财产安全受到威胁后,人们才逐步地扩建了外围的封闭式横屋与炮楼。从其不对称的形状来看, 除了虎形围是因风水因素以及后来扩建的原因造成外,鹏皋围、田心围与福和围的设计既有财力不足的原因,也有风水因素、与周边土地无法置换的限制因素。因此,要想建造一座以厅厦为核心,与中轴、前后左右均对称分布的实心方围,并非寻常人家所能做到的。这也是赣南的堂横式府第民居在数量上要远远多于围屋民居的原因。

鹏皋围 位于关西新围的东北侧,紧靠龙关公路,为徐名钧宗亲二哥徐名培所建,因其建在西昌围(老围)的下方,当地群众习惯称"坎下围"。整幢围屋从祠堂大门和左、右两座边门进出。围屋内的厅厦只有一进,即这个实心方围里面只有一排三开间的房屋。环绕厅厦的前后左右为巷道,还专门开辟了一块210多平方米的门前坪。但中心府第式建筑的外围,只在大门右侧增建了一杠横屋,并在横屋的前后建有两座完整的三层炮楼,右侧却没建,显得很不对称(图1-20)。估计是因建筑资金出现了困难,或战乱威胁提早解除,所以就没有完成整个外圈围屋的建造。

图1-20 鹏皋围模型

关西田心围 位于关西河谷中部,四周农田环抱,故名"田心围",处于关西新围西南方向,为徐名钧叔父辈所建。围屋为传统的四面三开式与六面五开式民居建筑的自由组合,占地面积2611平方米,平面呈不规则形布局,为生土夯筑或土坯砖砌筑。围内留有古井一口,鹅卵石铺地(图1-21)。田心围的炮角形制特殊,结构并不落地,而是悬空横挑突出围墙,这样可以扩大瞭望视野,减少射击的死角。中心祠堂为两进式,门前有梯形前坪,入口门簪雕刻乾坤图案。田心围是二层土木结构的不规则形围屋,是围村向围屋发展的过渡形态。

图1-21 关西田心围模型

福和围 位于全国重

点文物保护单位——龙南关西新围的东门口对面、仅一河之隔的杨屋场村小组。由徐绍禧建于清朝咸丰—同治年间(1860年前后)。围屋因随山势而建,略成正方形,长宽均为39米,占地1500多平方米。围墙高9米,墙体除炮楼用青砖砌筑外,四周均用毛石精工砌筑而成,墙厚1米,整幢围屋有正门和后门用于进出(图1-22)。该围最有特色之处是用于围内公众活动的祠堂和居家的厢房相对独立,并在门坪前用一堵三孔门墙

图1-22　福和围模型

隔开,不讲究中轴对称性,这与赣南普遍的中轴对称式围屋截然不同。另外围屋的炮楼设置也有特色,三个炮楼在墙体连接的角上,但位于正门左侧的炮楼则建于侧面前段,如同城防设施中的马面;炮楼之后,墙体又顺山势成阶梯式分三段连筑,鳞次栉比、错落有致。

虎形围　位于江西南部的定南县历市镇车步村,始建于清道光年间。虎形围平面为矩形,面阔42.6米,进深19.8米。虎形围属于"两进三横、四围三堡"式围屋,在赣南围屋分类中,应归"国"字形平面布局类型,即除了四周围合的四排围屋外,中间还有一栋赣南传统的"两进两横"式两层民居,这是围屋中的核心建筑。由于后来在左侧增建了一排围屋,因此虎形围实际上左边是两排横屋,右边是一排横屋。这座围屋的特殊之处是只建有三座炮楼,赣南典型围屋一般都是在围屋四角构筑往前和往上突出的炮楼,即便在早期也是对角建两座炮楼,虎形围却前二后一建三座炮楼,呈三角布局形势,实为赣南围屋中罕见的。

总之,绝大多数赣南实心方围的平面布局都出现了变形,有的并不完全向心,有的根本不对称,还有的只有一两个边角有炮楼,甚至一

个炮楼也没有。所以我们在定义围屋时，不能强行按建筑的外表形状去定义，否则这些形态变异的围屋就不能被称为"围屋"。

(4)圆形实心围

在赣南围屋中，圆形围屋本来就不多，除了上面介绍的圆形围村与圆形空心围屋外，圆形的实心围屋目前只发现两座。

修建村何氏老圆围　位于定南县历市镇修建村。它始建于明嘉靖四十五年(1566年)，比定南建县早3年。据考开基祖何本稠为当时莲塘城(今定南县老城)的开城千总，此圆围与莲塘城为同一师傅设计，并同期建造。此围东西直径为87米，南北直径为90米，总占地面积为6151.4平方米。核心建筑为以厅厦为中心的九井十八厅府第，有298间房，8座炮楼。外围围屋为不出檐的硬山式屋顶，核心建筑为黄土夯筑的出檐悬山式大屋顶建筑。整个圆围有外大门三座，东门为拱形正门，采用麻条石灰砌而成，门楼上的石窗与枪眼为一方两圆，形似虎头上的鼻子与双眼，所以又称虎头门。南、北方向各有一座小门，便于空气对流。整个围屋的建筑均为两层高，外墙采用石灰砂浆夹石头双层砌筑至顶，墙面上布满内大外小的枪口炮眼。可惜的是，1990年它被一精神失常者放火烧了。

中院圆围　位于全南县金龙镇(原木金乡)水口村新屋(也称中院)小组。中院圆围为二圈圆形，外圈直径76米，占地面积约为4535平方米。中院围屋主要以南面大门为进入口，正对大门10米处是本族祠堂——振绪堂(图1-23)。围屋内的建筑以祠堂为中轴，

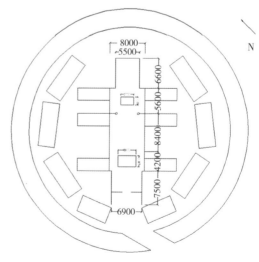

图1-23　中院圆围平面示意

对称分布居民住房,最旺盛时有 60 多户黄姓人家居住在里面。据调查,中院围屋的建筑保存时间最长的为祠堂,根据祠堂的建筑材料及建筑风格推测,最早的建筑时期为明朝末年,其他建筑时期为清朝中期、晚清、中华民国,甚至现代。如此推测,中院圆围应该是始建于明末,但成围于清朝中期。

(5)"∩"形前方后圆实心围(围龙屋)

前方后圆实心围是指用围屋呈半圆形围合封闭的村庄。因外围半圆形的围屋形似一条蟠龙守护着村庄,故又名围龙屋。实际形状都是前方后圆,与上面的"⌂"形实心半方围相比,只是将后龙屋由直线形改成了弧线形,将三面围屋的形状变成"∩"形。围龙屋正前方的堂屋一般也开了三头门以上,因此为了解决因围屋门多不利于防守的缺陷,常常在门前加筑一道围墙,将门前的晒坪或晒坪与池塘一起包围起来,形成一个前方后圆或前后都呈半圆形的封闭形围村。这种形状的实心围屋,以广东省的梅州地区最多,因此常被称为广东围龙屋或梅州围龙屋(图 1-24)。围龙屋的建筑年代比较复杂,既有可能是中间的堂屋与外围的围屋同时修建,也有可能是先有中间的堂屋,只是遇

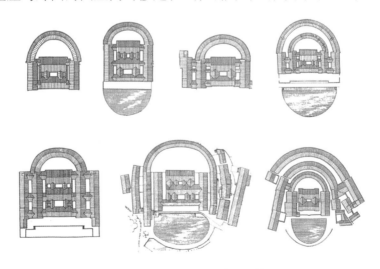

图 1-24 广东梅县围龙屋形制

到战乱年月,为安全防御的需要而加筑了外围的围屋;或者是由于子孙后代繁衍,堂屋已经容纳不下这么多人口居住,于是环绕堂屋加建了外围的围屋。总之,围龙屋的年代判定,不能以堂屋的建筑年代为准,应以外围的围龙屋的建筑年代为准。

围龙屋有大有小,一般是三堂两横一围屋,正中一大门,两旁各一小门。大的有多横屋、多围层的,其小门也跟着屋数增多。如南亨乡的田心围为三层围龙。

围龙屋一般建于山坡或山丘下,依山傍水,前低后高,屋门多朝向东或南,屋前置禾坪,为晒谷物和公共活动的场地。禾坪前是一口半月形池塘,俗称门口塘,以池纳水,兼防火、洗涤、灌溉、养鱼和调节气温。禾坪与池塘的连接处用石灰、小石砌起一堵或高或矮的石墙,矮的叫"墙埂",高的叫"照墙"。池塘周围辟菜地,筑围墙连接禾坪两端,左右各开斗门(副门)为总出入口。屋的两边建杂房、厕所、牲畜间。屋内或外围建饮用水井,屋脊种植数亩"屋衣树",叫"莹背",以保持水土、美化环境。

围龙屋布局合理,正屋与禾坪、池塘、林地构成一个整体,颇具江南园林风格。从平面俯视,围龙屋就像一个巨大的马蹄形,房屋建筑与门口坪、塘相连又恰似一个大圆圈,配上院内方形房间则寓意天圆地方。从整体上看,围龙屋就像是一个太极图。

绝大部分围龙屋没有炮楼等防御工程设施,只有少部分有,而且层高不超过两层,比较矮,整体对外防卫性能不强,所以万幼楠等民居专家往往把带炮楼的围龙屋归入围屋一类,把没有炮楼的围龙屋归入堂横式府第即"九井十八厅"一类。

乌石围 位于龙南市杨村镇乌石村,根据清乾隆四十四年(1779年)《桃川赖氏八修族谱》,推测围屋始建于明代万历年间。这是一座圆弧形围屋:坐东南朝西北,前方后圆、前低后高,围龙后部有隆起的"化胎",正面宽62米,至圆弧形底部长57米,含禾坪、池塘在内,占地面积约 4300 平方米;共有 3 座门,正门设在围屋正面的中间。围屋的主体是具有当地特色的三进三开砖石木结构方形建筑体,中间层层递进的是上、中、下三大厅。大厅的左右两边是两层房屋组成的四合院,环抱着方形群体建筑的是由 62 间两层房屋构成的圆弧形围墙,围墙四周设有六座炮楼,化胎坡上左侧设有一口水井,正门前有方形的禾坪,禾坪之前是一口半月形的水塘(图 1–25)。

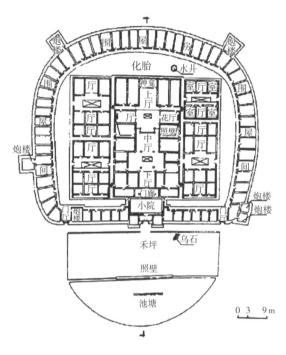

图 1–25　乌石围平面示意

寨头田心围　位于定南县岿美山镇寨头村,由黄氏先祖始建于清康熙五十五年(1716年)。前宽 92.7 米,纵深46 米,占地面积 4264.2平方米。此围坐东北朝西南,背靠青山,此处地势如一把太师椅,是个风水宝地。平面布局分里外两重。里面一重是长方形的实心方围,围绕中轴线上的两进三开间厅厦,左右对称各分布两列横屋,四角有炮楼。除中间厅厦大门,左右两道天井巷也开小门,一共就有 5 个门。外面一重是围龙屋,四角也建有炮楼,变成一座共有八个炮楼的围龙屋,在赣南围屋中别具一格。由此可知,围龙屋一般是在堂横式府第或实心方围外加建一圈以上房屋,以适应中心府第或方围内住户为子孙繁衍,需要增建住房的需求形成。

武当田心围　位于龙南市武当乡大坝村,建筑面积 1 万多平方米,始建于明末清初,是当地最古老的一座大围屋。该围基本布局和结构与乌石围相似,平面像是一个切去三分之一的圆形,但它比乌石围大得多。围中心是栋三堂式祠堂,外有三条围龙屋环抱,前低后高、前方后圆(图1-26)。门前有禾坪和半月形池塘。除正中大门外,两翼各设一侧门,侧门设计成城楼样式,兼作围屋的炮楼,体现出围屋从城堡发展而来的轨迹。整座围屋高两层,外墙均用鹅卵石和三合土筑成,内墙多用

图1-26　武当田心围平面示意

土坯砖砌垒,围内皆用自然卵石铺地。

角背围龙屋　位于寻乌县晨光镇金星村角背,坐西朝东,坡屋顶,以砖木结构为主,高两层。建筑平面布局为"两进三厅两厢两杠、三围拢一门楼"形式,建筑总占地面积约4170平方米。居中正栋屋,由前、中、后三栋构成,面阔皆三间。前栋明间入口为门厅;中栋明间为主厅,是族民婚丧喜庆的集会地;后栋明间为祖厅(享堂),设有供祖宗牌位的神龛。前、中、后三栋正屋之间各有一个天井,正栋屋的两侧和后面,由三条围龙屋(相当于大屋民居的"横屋")呈弓背形环抱。各条围龙屋之间,均设有一条宽为0.9米的通廊。这部分平面布局,隐含赣南"三堂六横式"民居的建筑特点。

| 四、赣南围屋的功能布局 |

赣南围屋作为一种民居建筑,其功能布局首要考虑的是生活宜居因素,即要满足居"家"的生活要求;其次是安全防卫因素,即要满足其作为"堡"的要求;再次是一些宗教、文化方面的因素,即满足其作为

"祠"的要求。

我们在上一节已经介绍了赣南围屋有三大类型。之所以分为三大类型,主要就是根据它们在使用功能上的侧重点不一样。第一类围村,由于其本身就是传统古村,所以其功能布局肯定是按照国家规定的里坊居住制度设计,以"宜居 + 易管"的村落居住功能为首要因素,防卫功能与宗教文化功能居其次;第二类空心围屋,由于其本身是军事防御工事或营房工厂,肯定是以安全防卫功能为第一要素,宜居与宗教文化方面的功能不在它的考虑之内,除非有人把它改成了民居,才会增加这两方面的功能;第三类实心围屋,作为社会上层——大地主阶级的住宅,在建造之初,就要进行详细规划,尽量满足其作为千秋伟业的多功能需求。因此,传统上认为集"家、堡、祠"三项功能于一身的赣南围屋,实质上指的就是这一类的围屋。正因为如此,我们在分类时,将实心围屋当作狭义围屋,以与包括围村和空心围屋在内的广义围屋相区别。

1.有差别的"家"功能

赣南围屋是一种民居建筑,这就决定了其必定有"家"的功能。但围屋的类型不同,其"家"的功能还是有差别的。有的非常适宜住家,有的并不适宜住家。

第一类是围村,是先有家,后有堡,所以其"家"的功能最突出。以龙南市的栗园围为例,据初步考证,栗园围始建于明弘治辛酉年(1501年),正德十三年(1518年)因遇战乱,人们开始建围村,加筑围墙与门楼,到嘉靖十五年(1536年)完工,历时18年。整个围村占地68亩(1亩约等于666.67平方米),把鱼塘、水田、晒场、住房等人们生产、生活的所需之处都围在村内,既注重防御功能,又注重打造聚族而居、适宜人居的生活环境。村民们可以在围村里农耕、居家、读书、娱乐。栗园围是赣南现存最为完整的围村,是从传统村落向围屋演变的典型代表建筑,反映了客家人以勤劳耕作求生存,以刻苦读书建功立业求发展的精神追求。

栗园围(图1-27)分为渔耕区和生活居住区两大片区。生活区集中在东边,有房屋400余间,八八六十四条小巷,是李氏的宗族聚落。聚落的核心建筑是"一祠三厅",即纪缙祖祠、梨树下厅、梂梃厅和新灶下厅,所有的民居住房都以纪缙祖祠为中心,房屋按八卦的原理分布建造,由总长1500米的八卦巷相互连通,所以后人又把栗园围称为"八卦围"。整座围屋开设了东、南、西、北四个门,但并非按照严格的方位。除北门名副其实朝北开外,东面设有东门和南门,正南面所设的却是西门,西面宽阔的墙体上则没有辟门。通过访问当地村民,我们得知是因为围外东南面有一条自东往西流淌的濂江河,按客家风水的说法如果西面开门的话,不利于村民固守财气(意为财气会随流水而去),故而在东面迎流方向开设两门,以利于财源广进。从平面上看,村围南北长、东西短,一条自北门往西门的主干道纵贯南北。主干道东侧的中心地带由三口6亩多的水塘连接,除了为围屋解决消防、排泄、清洁等后患,还给封闭的围屋带入了如诗如画般江南水乡的意境,为村民提供了便利与舒适的生活环境。主干道西侧是一块晒场,是村民集会以及休闲的娱乐场所。东门往南门也各有一条鹅卵石铺设的小径蜿蜒至村

图1-27　栗园围模型

中央。

第二类是空心围屋，是先有堡，后有家，所以其家的功能很弱，至于"祠"的功能，则根本没有。这类围屋有的在与围门相对的房间设有厅堂，比周边房间开间稍微宽大一些，以突出其作为主厅的功能；有的空心围屋，所有房间的开间大小都一样，根本就没有主次之分，因此，既没有"家长"也没有"厅厦"之位。所以，很多空心围屋被改为民居之后，都会对围内的建筑布局进行一些改动，如在围心的院坪中搭建厨房之类的生活附属建筑，如果院坪足够大，还有可能在中间加建一座两室一厅的住房，或者在中心加建祖庙。

我们推测空心围屋在营造之初，不是民居建筑，而是水楼、炮台、保家楼之类的军事防御建筑，或是营房、厂房之类的建筑，这是有一定依据的。因为空心围屋的建筑平面布局，只有房间，没有厅堂与厨房等

图1-28　燕翼围

配套设施，并不适宜以家庭为单位的人们起居，所以在后来改为民居时，一般都会在里面加建一些堂屋或厨房之类的建筑。如龙南市杨村的燕翼围，在2005年以前，燕翼围住满了村民，村民们在围内中央的大坪上搭建了两排平房，当作各家各户的厨房（图1-28）。不过在燕翼围被公布为全国重点文物保护单位后，已将村民迁出，将厨房拆除，恢复了其历史原貌。还有龙南市里仁镇新里村的沙坝围，原先是一座面阔30.6米，进深29.0米，占地面积1196平方米，平面布局近似正方形的"口"字形空心方围。与燕翼围不同的是，围内各层房间虽对称布局，但没有大小、尊卑之分，各个房间的大小都一样，而且其大门也不开在正中间，而是开在一侧。20世纪90年代，万幼楠去调查时，围内

大坪上有一栋一明两暗的"三间过"土坯房(图1-29),适合一家人居住。该围在2005年曾被列为县级文物保护单位。

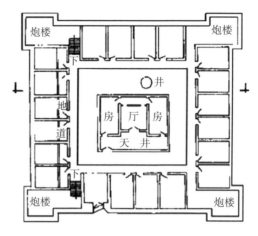

图1-29 20世纪90年代的沙坝围平面示意

第三类是实心围屋,"家、堡、祠"三项功能兼顾,但以"祠"的功能最突出,"家"的功能居其次,"堡"的功能排最后。之所以这么说,是因为实心围屋产生于明代嘉靖十五年"许天下皆得联宗立庙"的乡村宗族化运动之后,它的存在本来就是为了实现理顺尊卑秩序、维护"忠、孝、节、义"封建伦理的家族目的,所以一座实心围屋就是一个"家"的邦国。在这种围屋内,除了祖厅与主人居室外,还有下人的居室、各种库房,甚至还有戏台、花园。如龙南市的关西新围,围内有260多间房间,大致分为三个等级,上等是祠堂建筑,其次是祠堂两侧主人的居住厅房,最差的是东西两边挨墙而建的围屋,它们采光、通风都较差,是长工、杂役的居室。前后幢的房屋有走马楼相通,前排女儿墙与祠堂相隔,设置有花园、戏台、观戏楼和功名房;后幢是土库,是围内的仓库。围内的生活环境舒适,其房屋布局、采光通风也很合理,在西门口还另辟一块供人们游乐、学习的3600多平方米的后花园,名曰"小花洲"。园内亭台楼榭,居中开挖了一口约占1亩水面、呈"品"字形的湖泊,叫"一品池"。湖内建有一小岛,岛上置有假山假石,下棋读书的石台、石椅,湖四周用木头做磴,形成走马楼,另有两座小桥同小岛相连,呈现出苏杭一带的园林建筑风格。据传徐老四为了两个苏杭小妾过得舒心愉快,特意仿照苏杭园林风格建了这幢"小花洲",让她们居住。"小花洲"内还建有梅花书房和新书房两幢。

2. 坚强的"堡"功能

赣南围屋的形成，与明代正德年间王阳明任南赣巡抚时所采取的剿匪政策有关，目的是通过武装在籍地主去对付逃籍豪强，制造地方社会强势力量，以实现地方社会的和平与民主自治。这种建立在军事力量对比之上的社会平衡，必然要求对立双方都得建立坚固的大本营，一方才能不被另一方吞并掉。这就迫使赣南地方社会的上层阶级在建造自己的百年基业——围屋的时候，将防御功能推向登峰造极的高度。防御功能的强烈诉求体现在赣南围屋营造的方方面面。

（1）外墙

围屋外墙高大、厚实、坚固，有 2~4 层，墙体厚 0.85~1.5 米，或以粗大麻条石砌筑成墙基，或采用石灰、黏土、细沙（俗称"三合土"）卵石粒料夯筑而成，配以桐油、糯米浆等有机凝胶材料增加硬度。外墙一般不辟窗，墙体高处设枪眼或炮孔，外墙不露木头，用生铁紧固房梁，可谓是铜墙铁壁。

以防御功能著称的龙南燕翼围，墙高 14.3 米，共 4 层，为赣南围屋高度之最。墙厚 1.5 米，墙基地下深 2.6 米，地面高 2.6 米，全部采用大块花岗岩条石垒砌而成，墙体异常坚固（图 1-30）。1943 年日军飞机曾对燕翼围轰炸扫射，燕翼围经历炮火洗礼却未受到任何实质性的破坏，仅在西南面墙体上留下了斑驳的弹痕（图 1-31）。龙南市桃江乡的龙光围，厚约 1 米的外墙全部采用大块麻条石浆砌而成（图 1-32），这种极其坚固的墙

图 1-30　燕翼围坚固的墙基

图 1-31　燕翼围墙体上留下的弹孔　　　　　图 1-32　龙光围麻条石外墙

体在我国传统民居建筑中十分罕见。

为了防止敌人从地下掘洞攻入围内,围墙的墙基大都是用大块条石砌成,深度都在 5 米以上。关西新围的墙基前还埋有深达 10 米的铁木棍梅花桩,要想从地下掘洞攻围根本不可能。

(2)炮楼

炮楼是客家围屋有别于其他民居建筑的重要特征。早期的围村土堡,先有房,后围墙,再加盖炮楼,所以炮楼位置选择没有定式,往往设置在路口或转角处,因势而建、因地而建,扼守险要地段,使防御功能最大化。中后期形制成熟的围屋,炮楼通常立于围屋方形结构的四角,炮楼墙体较围墙突出 0.8~2 米,配合炮楼上的枪眼和炮孔,使得射击范围覆盖墙角,扫除安全盲区。有的炮楼还在顶层外角处增设抹角或外挑式小堡垒,进一步覆盖射击死角(图 1-33)。

在很多方形的围屋中都可以看到向外突出的塔楼(亦称“角楼”“四角碉楼”),从平面图中可以看到外凸塔楼分布于方围的四角。方围设置外凸塔楼后,四个角楼可以对墙侧形成交叉火力网,消灭所有的盲区。但是外凸塔楼的构造在圆围中鲜有发现。原因大概是即使圆围设置了外凸塔楼,其所形成的交叉火力网中也还是会留下盲区。所以从这个角度而言,方围的防御能力要强于圆围。

如燕翼围每层炮角有 5 个枪眼,可全方位监视围外的敌情。二三

图 1-33 赣南围屋的炮楼

层枪眼的内侧砌有小门,可关可开,四层有全面作战功能,有 58 个枪眼,外形是窗。在高楼上,围屋居民可打击百米之外的敌人,敌人是很难靠近围屋的。同时,为防止敌人围堵,燕翼围建得坚固无比,防火、防攻、防炸,320 多年来,经受了各种战火的考验,仍旧岿然不动、完好如初。1945 年,日军在轰炸杨村时,以燕翼围为重点投放炸弹,炸毁了紧挨的"龙船庙",燕翼围仍安然无恙,仅在一角壁体上留下斑斑弹痕,围内人员无一伤亡。

围屋的外墙和炮楼一起将围内的厅堂、房间、院落围合成一座壁垒森严的整体,抵御着墙外的纷扰,维护着家族的安宁。

(3)围门

围门是围屋防御特征鲜明的体现。除半方形实心围屋与半圆形的围龙屋外,一般围屋只设一孔围门,是围屋与外界的唯一通道。

围门是围屋内外交流的通道,也是防御体系的重要一环。围门门框由大型条石砌成,围门往往设有三重:第一重为铁皮包门,在厚重的

木质门板上以铁皮覆盖铆钉紧固,结实而庄重;第二重是杠门,以 3~6
根粗大的门闩移入门内暗槽将门顶住, 能有效抵御外部的撞击;
第三重为便门,方便日常进出。此外,为防止外敌火烧围门,通常在大
门门顶上设计有防火的水槽,从水槽倒水可将门前的火浇灭(图 1-34)。
厚实的用料和精巧的设计,让围门发挥了一夫当关、万夫莫开的重要
作用。

图 1-34　燕翼围门顶水槽的内外注水孔

为防止切断联系或方便围内外的语言交流,围屋还设有传话通
道。如燕翼围在外墙内侧 3 层楼处有传话管道口,相对应在围屋外墙
外侧地面处也有传话管道口。经由此对话通道,围屋内外不用开门碰
面就可进行有效对话、辨认敌友和传达消息。

"逃生门"也是围屋防御体系的一大特色。 这些门直接建于外承
重墙上,打开门,脚下就是一条护围河。 借着夜色的掩护,从此门往下
跳入护围河中,围中人就可不开围门、不动声色地从围中逃出寻求
援兵。

(4)枪眼

在围屋二层以上的墙面上都设有炮眼和枪眼,这是守方进行防御
反击的主要窗口,最常用的武器是自制的土枪和弓箭。有的围屋还在

墙内设置环形的"坎墙走马廊",方便战时围内各作战区域之间的交通。炮楼及围墙上的射击孔形式多样,有方形、塔形、圆形、梅花形、葫芦形等(图1-35)。同时,通过砖体砌筑位置的变化和对砖体的打磨,射击孔形成内大外小构造形式,从而方便灵活射击,减小受到外来打击的面积。

内大外小的射击孔

梅花枪眼

葫芦形枪眼

"回"字形枪眼

图1-35 围屋各种形状的枪眼

需要说明的是,"国"字形实心方围的枪眼大都是葫芦形或梅花形,如龙南市的关西新围与渔仔潭围,这种所谓的枪眼或射击孔,是用青石雕刻的,既有防御功能,又有装饰功能。

(5)粮食储备

战时的粮食储备是持续抵御外敌的关键。绝大多数客家围屋内都设有一至两口水井,保证了围内居民的饮用水和生活用水供应。关西新围西南侧一排房屋为土库,当年在土库中存放着大量的粮食以备战

时和灾年之需。燕翼围禾坪中掘有两口暗井，一口用于窖藏蕨粉，一口
用于窖藏木炭，平时填土掩覆，战时掘开应急。燕翼围在丰年时用红薯
粉、蕨粉、糖、盐等材料搅拌后敷于墙上，一是可以长久保存，二是在围
屋受困、储备粮用尽的情况下，居民还可以将墙体剥落食用，墙体可以
作为食物供给的最后一道保障线。

龙南市的沙坝围还依据地势，以南北的炮楼间为楼梯，开辟了地
下储藏室，储藏室到门口用地道连通，它是赣南众多围屋中唯一有地
下通道的围屋。据当地老人介绍，当年为防土匪侵入，人们每年都在围
屋的地下储藏室里放置食物，一年不出围屋仍然可以吃上新鲜的食
物。地下储藏室不但可以长久储藏食物，更是充分利用了地形，扩展了
围屋内部生活的空间。

（6）毒钉

为了防止敌人从房顶攻入，很多围屋房顶上布有许多剧毒的三脚
铁钉，据传能"见血封喉"。钉身平卧，三枚锋利的钉脚朝天，铁钉以剧
毒药水浸泡后抛洒在屋面，起到了巨大的威慑作用（图1-36）。杨村东
水围、上新围等还在整个围屋的天井上装满铁丝网，即使敌人上了房
顶也无法进围（图1-37）。

图1-36　关西新围屋顶上的毒钉　　　图1-37　矮寨围屋顶上的铁丝网

（7）精神防御

除了在物质防御上力求万无一失，围屋的防御甚至做到了精神层面。赣南地区几乎每个村庄都有一个土地庙，土地庙里供奉着土地公，又称"社公"，是一方百姓的保护神。一般土地庙位于村庄的入口、桥头或村边古树下。出于抵御外敌围困的考虑，关西新围将土地庙纳入围内，作为围屋建筑的组成部分，建于大门侧旁，方便围内居民每月初一、十五敬香烧纸，祈求围屋平安。

3.可有可无的"祠"功能

上文在说到实心围屋的功能布局时，我们已经介绍了宗祠在民间的普及，得益于明代嘉靖十五年（1536年）朝廷"许天下皆得联宗立庙"的政策。而且朱熹的《家礼》规定"君子将营宫室，先立祠堂於正寝之东"，这说明实心围屋中心的"宗祠"，最初并不是祠堂，仅是客厅或议事的厅堂，只是在营造围屋的祖先过世之后，其后代慢慢给厅堂增添了"祖祠"或"家庙"的功能。在清代赣南社会全面宗族化以后，在围村之中，也开始出现各房各族的"祖祠"，如栗园围就有三座"厅厦"。不过在空心围屋内仍然没有"祖祠"建筑。因此，我们认为，所谓围屋具有"家、堡、祠"三项功能，并不完全正确，"祠"的功能是可有可无的。

综上，我们对赣南围屋的类型与建筑特征的认识如下。

围屋，顾名思义就是指围起来的房屋，至于围合、封闭是用围墙还是房屋，抑或是围墙与房屋混合都可以。因此，封闭性是围屋的第一大特点。

无论是围村还是空心、实心的围屋，都带有一定的防御保卫功能，因此，防御性是围屋的第二大特点。在这三大类型中，围村与空心围屋的防御功能要强于实心围屋。围村凭借其厚实的城墙或围墙，特别是全村武装男丁人数众多的优势，可以较长久地抵御强敌的围攻；空心围屋虽小却坚，凭借其坚固的外墙与高耸的炮楼，防卫性能也很突出；

实心围屋一般亦有四角炮楼与众多的枪眼,但其枪眼一般都是葫芦形(寓意"福禄"),重于装饰,防卫性能稍差。

无论是围村还是空心、实心的围屋,都是由乡村中德高望重或财力雄厚的豪强地主发起建造,而且要保护的财产也基本属于豪强地主阶级,因此上层阶级性是围屋的第三大特点。这种阶级矛盾经常被族群矛盾所掩盖。所有的史料都表明,安于自给自足的下层社会中的农民阶级,并没有建造围屋的欲望,也没有建筑围屋的财力。如果遇到外来敌人的进犯,一般都是"三十六计,走为上计"。只有上层社会中的地主阶级,因为家大业大,无法一走了之,才被迫想方设法去建造高大、厚实的围屋来抵御外敌的进犯。特别是实心围屋,由于其始建于和平时期,并经长期策划、统一规划设计而建,相较当地的普通民居,显得特别的高大与豪华。这种围屋的外墙与门楼,虽然也配备有炮楼、枪眼,但其装饰意味更浓,是围屋主人追求官式建筑风格的一种需求,也是其炫耀财富与社会身份的一种方式。因此,围屋民居是赣南地区明清时期最为高档、豪华的民居,代表着赣南地区明清民居的建筑水平。

｜ 五、赣南围屋的立面设计 ｜

赣南围屋的立面特征,一是在建筑高度上,以两三层居多;二是在外立面上,每层都设有外小内大的枪眼或望孔,二层以上才设有窗户;三是在屋顶上,以叠涩出檐的硬山顶为主,以悬山顶为辅;四是在构造上,外墙基本上都是以石块为主料,混合在强度很高的三合土灰中构筑,多见为片石砌墙、条石勒角,墙体厚度为50~100厘米,比一般民居更加厚实坚固,门窗和枪眼则用青砖或条石制成,内部房间的隔断墙则用土坯砖,楼层、楼梯和屋顶皆用杉木材料制成,屋顶表面用小青瓦覆盖。

不同类型的围屋在外立面上的设计自然有所不同。

1.围村型围屋

　　这种围屋的外立面比较冷峻,给人以城堡的感觉。除了高高的围墙或城墙以外,最显眼的就是高出墙面一层的门楼。这种门楼由于是建筑在围墙或城墙之上的,所以形体看起来不是很高大,就像个阁楼。门楼的外立面上,除了类似城门"∩"形的拱门外,一般都设有左右对称的两个或一大两小三个瞭望孔,像只老虎一样瞪着外面。如南康县潭邦城的城门楼上,是中间一个长方形大窗,左右各一个梅花形的瞭望孔(图 1-38),而龙南市刘华坵围的门楼上则是一方两圆三个瞭望孔(图 1-39)。至于围村里面的房子,层高都比较矮,一层或两层。

图 1-38　潭邦城城门

图 1-39　刘华坵围门

　　围村的核心建筑——祖厅,在外立面上常可见到防火山墙。防火山墙又称封火墙、马头墙,因其山墙高出 1~2 米用于防火而得名。如在关西的西昌围内,7 栋厅堂因建造时间不同、地势不同,每栋厅堂相对独立,采用的都是防火山墙;明末期间建造的立孝公堂采用的是五滴水式的防火山墙,其厅厦采用的是五岳朝天式的防火山墙,形态各异,除了具有防火功能外,还有装饰的作用,极具观赏性。

2.空心围屋

"口"字形空心围虽普遍小于"回"字形实心方围,但层高又普遍高于"回"字形实心方围,一般为三四层;为警戒或打击进入围屋墙根和瓦面上的敌人,四角一般还建有高出一层并朝外突出1米左右的角楼(炮楼),如龙南市的猫柜围(图1-40);有的角堡为了彻底消灭死角还在角堡上再悬挑一座单体碉堡,如全南县由陈氏先祖所建的雅溪土围和雅溪石围,两座围屋以炮角取代炮楼;围屋外立面首层不设窗,二层以上设有枪眼或内大外小的炮口、望孔;屋顶形式多为外硬山、内悬山。大门一般也是"∩"形城门式样,但没有高出墙面的门楼,偶尔会在大门两侧或门楣上做一些贴塑形的门楼装饰,如龙南的燕翼围(图1-41)。围屋内立面的特点是二楼以上,每层都设有环形走廊,俗称内走马,方便向四周运动御敌,如龙南市燕翼围的二三层都设有内走马,在最高的第四层还设有外走马(图1-42)。

图1-40 猫柜围模型

图1-41 燕翼围正立面示意

图1-42 龙南燕翼围内立面示意

3.实心围屋

"回"字形四方实心围屋的外立面与"口"字形空心围屋基本一样，但层高普遍以二层居多，最多三层，没有看到有四层高的。另外，内立面一般只有二层会有悬挑外廊，当阳台使用，晾晒衣物；因不能环形贯通，称不上内走马。围屋外墙二楼以下为三合土夹卵石夯筑，三层外墙采用 27 厘米厚青砖砌筑墙；二楼以下不开窗户，二楼以上各层均有火炮眼口。角堡为三层，青砖叠涩出檐的歇山式屋顶。

"冖"形实心三方围、不对称形实心方围及围龙屋的正立面布局，与"回"字形实心四方围有些不一样，一般有一大两小三头门。大门是祖厅的正门，一般都会装饰门楼，门楣上有堂名；两小门是两侧的横巷门，稍微要矮小一些。此类围屋除了门多以外，窗户也多，甚至一楼都有窗户。另外，横屋的正面屋顶会做成五岳朝天式的风火山墙式样，更具装饰性。早期成街巷布局的围龙屋内的建筑，由于都是相对独立成栋，所以彼此之间也会用到风火山墙，甚至飞檐翘角，与赣中的天井式青砖府第建筑的外立面特征很相似，如龙南市的乌石围(图 1-43)。

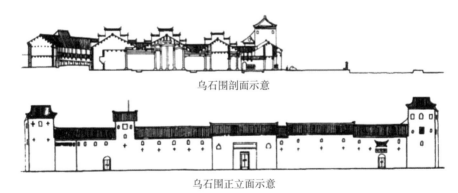

乌石围剖面示意

乌石围正立面示意

图 1-43　乌石围剖面及正立面示意

值得一提的是，定南县的围屋，以神仙岭为分水岭，出现了两种截然不同的建筑立面。岭北为青砖灰砌封火墙、不出檐屋顶的外立面，岭南则为黄土夯墙、出檐屋顶的外立面。围屋的数量上,岭南多于岭北。因此,数量众多、以纯黄土夯筑带有四角炮楼的悬山顶大屋檐围屋,成为定南县独具地方特色的围屋民居。

还要说的是,我们现在看到的围屋,一般都在大门上题写有"某某围"的题名,如磐安围、燕翼围、龙光围之属,有的还在题名下的大门两侧配有对联(图 1-44)。但在历史上, 更多的围屋并没有题名,只是后人根据围屋所处的地点、特点、兴建时间先后等给围屋起个约定俗成的名字。因在山区农村有文化修养的人毕竟是少数,即使有的围屋取有雅名,村民们往往也是用更简便的方式称呼它们。同一个村

图 1-44 关西新围围门题名

或地点,先后建有多座围屋,于是便出现了新围和老围之分,最早建的那座围自然便是老围,其他围便是新围。如龙南杨村镇乌石村的盘石围,盘石围本是它的学名,但当地人一般并不知此围有此称。习惯上,外村人多称之为"乌石围",本村人则称之为"老围",因这座围是本村的开基祖围,这个村还有六七座新围。有的虽也自有雅称,但村民们还是以上新围、下新围、河边新围、山下新围等称谓之。龙南的关西新围也是这样得名的。因其祖辈所建的西昌围在先,后来村民便称其祖先建的西昌围为"老围",将这座后建的围屋称作"新围"。如今"西昌围"这个雅称,反而很少人知晓。现在,学者为区别各地的新围和老围,便将所在地名"关西"冠于前,称其为"关西新围""关西老围"。至于田心围,顾名思议即建于农田中心的围屋,用今天选址建居民点的眼光来看,有些不同寻常,但对当时围屋建设者来说,农田中心是最理想的选

址。因建围的主要目的就是防卫,首先是要利于自己及时发现敌情,不利于敌人隐蔽靠近。因此,孤零零一座围屋耸立在开阔的农田中心,最利于防卫。这恰从一个侧面证明了建围屋那个年代的险恶社会背景。位于关西新围西边的那座老围屋(相传距今约 500 年)至今仍叫"田心围"。赣南围屋中叫"新围""老围""田心围"之类的围屋特别多。

第二章
赣南客家围屋的分布地域

民居的传统营造技艺在文化遗产保护领域属于非物质文化遗产。由江西省龙南县申报的"赣南客家围屋营造技艺"作为福建省"客家土楼营造技艺"的扩展项目,在2014年列入第四批国家级非物质文化遗产代表性项目名录。

　　无论是"赣南客家围屋营造技艺",还是"(福建)客家土楼营造技艺",都包含有一个"客家"的定义,意味着围屋与土楼这两种传统民居的营造技艺都与"客家"有关。因此,在讲赣南客家围屋的分布地域之前,我们得先弄清楚"客家"的概念、分布地域。

第一节
谁是"客家"

　　这个看似简单的问题,却至今没有标准答案。

　　上海复旦大学历史地理研究所教授曹树基博士在其《赣、闽、粤三省毗邻地区的社会变动和客家形成》一文中指出:"20世纪30年代,罗香林先生在《客家研究导论》一书中,第一次从人口迁移的角度,揭示了客家人的形成过程。这一成果构成了以后客家学研究的基础。然而,这一研究存在一个最大的缺陷,是他没有清楚地对'客家人'进行界定。"

　　对此,《辞海》是这样解释的:相传在4世纪初(西晋末年),生活在黄河流域的一部分汉人因战乱南迁渡江,至9世纪末(唐代末年)和13世纪初(南宋末年)又有大批汉人南迁粤、闽、赣……即现在的广东、福建、江西、广西、湖南、台湾等省区以及海外。为了与当地原住居民加以区别，这些外来移民自称自己是"客户"，是"客家"，是"客家人"，即把"客家"与"客家人"界定为古代因战乱等原因，从中原南下的汉族移民。

问题是古代从中原南下的汉族移民，并不只有宋代有，后来的元、明、清更朝换代之际，也有大量的中原移民南下，甚至东南、华南各省之间还产生了大规模的跨省移民。而且，从中原南下的汉族移民，不但移民的时代有先后，而且分布的范围也远远超过了罗香林在《客家研究导论》一书中所界定的客家分布范围。因此，后来又产生了"客家"与"客家人"形成于明代甚至清代的新论点，研究者还提出了"老客""新客"的新概念去自圆其说。最后，越讨论说法越多，莫衷一是。

因此，对待"客家"这个诸多著述都难以说清的问题，我们也不用多费笔墨，了解一下客家的分布地域即可。

第二节
客家的分布地域

赣、粤、闽三省交界地区是客家的大本营。

我们来看看客家大本营的地形地貌。赣闽两省之间有武夷山脉阻隔，赣、粤之间有同属南岭山脉的九连山与大庾岭阻隔，闽、粤之间也有武夷山脉与南岭山脉相交形成的莲花山阻隔。这一大片应该是一个山高险阻、交通极不方便的山区。要在一个三省交界的山区形成一种

"共同语言"——客家话,谈何容易?这必须要有一段三省民众因为某种原因频繁相互交往的历史才可能形成。要知道,在两千多年的中国古代历史上,中国一直都是一个以自耕自足的小农经济为特征的国家,特别是在山区,山高路远,如果不是要采购食盐等生活必需品,一般人是不会出远门的,所以才会形成"十里不同音"的一个个方言岛现象。如果连语言都不能相通,更不可能产生"共同经济生活以及表现于共同文化上的共同心理素质的稳定的共同体"——客家民族或民系。

从这个问题入手,我们很容易就搞清了只有在明代中期以后,随着西方资本主义国家进入海洋贸易时代,将势力扩展到了中国的东南沿海,与东南沿海的广东、福建等省的沿海人民发生商品贸易以后,沿海地区的出口商人为了组织出口商品,本着节约运输费用的宗旨,开始在沿海地区发展生产出口商品的种植业与手工业。特别是在明代隆庆年间,朝廷将福建漳州的月港设为对外贸易的唯一开放港口,使福建的漳州及广东的潮州对外贸易经济呈现兴旺的状态。福建、广东沿海海上贸易的发达深刻影响到了近在咫尺的闽粤赣交界山区经济的开发,如闽西山区发展了种烟、种甘蔗、开矿业,赣南山区发展了种烟、种靛、种麻,以及果、松、杉等经济林的种植和加工业。

沿海地区的对外贸易却屡屡遭到明清政府的"海禁"政策打压,不但经常关闭对外贸易的港口,甚至将沿海居民迁往内陆山区,由此导致民间贸易被迫转入走私贸易,以出口为导向的手工业生产与商品种植业基地也被迫往东南沿海深处的山区转移,以逃避朝廷的打击。这种由走私贸易带来的一本万利的资本力量,唤醒了习惯吃饱肚子就万事皆休的山区农民。他们或在本地种植专供出口的经济作物,或参与开矿、开办手工业,生产出口商品,甚至不顾山高路远,走出大山,直接参与海商集团的走私活动。就这样,从明代中期开始,东南沿海靠对海外走私贸易带动起来的经济共同体逐渐形成。所以,在明代正德以后,江西省景德镇等地的制瓷工人,翻山越岭,徒步千里,来到了福建省漳州府烧造出口瓷器,后来又到广东省汕头等山区建窑烧瓷,由此催生了以生产出口瓷器为主的"漳州窑"与"汕头窑"两大窑系。早在明代成化年间,赣、粤、闽三省边境地区就已成为三省流民交互聚集的场所。很多文献都说明流民中有商人混杂其间。商人有较多的资金,不但与出口市场有较广泛和密切的联系,对土地的投资也带有较强的营利欲望,很容易把各省流民组织在一起,兴办出口商品的种植与加工业。至明嘉靖年间,形成了以福建汀州为中心的闽粤赣边区商品贸易集散地。就这样,在赣、粤、闽三省边区,自明代以来,逐渐形成了以闽南、粤东沿海港口为"店面",闽西、粤北、赣南等山区为"工厂"的"前店后厂"式的对外贸易经济共同体。

再加上明代前期实行严禁人口迁徙的户籍管理政策,其中打击逃户流民又规定以省为单位追逃,在本省即使逃亡千里,抓到后不但要遣返户籍所在地,而且要负担逃亡目的地与原籍出发地两处的双重赋役,迫使逃户流民被迫跨省逃亡,出现逃户流民向跨省边区集结的社会现象。他们利用邻近省份每次追逃与丈田纳赋的时间差,不停地就近进行跨省迁移,甚至在邻近两省都开垦有土地、置办有家业,以随时应对两省官府的赋役追查。这样,在赣、粤、闽这个三省交界山区的逃户流民,为了生存的需要,团结起来对付官府的追逃,不知不觉中他们就形成了共同的语言与共同的经济生活。

说到这里,我们基本上明白了:明代中期以后,赣、粤、闽三省交界山区从外地来了很多逃户流民,他们在开垦新的田地种植粮食,解决温饱的同时,也受沿海对外贸易集团的资本驱动,发展起了以生产外贸商品为主的种植业与手工业。不管是沿海的对外贸易集团,还是山区的地主农民,为了逃避不堪重负的国家赋役负担,就结成了一个经济利益共同体。有了经济利益共同体,就有了频繁的商业贸易交往;频繁的经济交往,必然催生共同语言的形成。因此,在这片区域形成一个具有"共同地域、共同经济生活、共同语言"的独特族群——"客家",已经是万事俱备、只欠东风。

这个东风,就是形成客家共同的精神文化,也是形成一个民族或民系必备的一个重要因素——"表现于共同文化上的共同心理素质"。现代很多学者将客家人的文化特质归纳为"四重四薄",即"重名节,薄功利;重信义,薄小人;重孝悌,薄强权;重文教,薄农工"。还有外国学者把"勤劳、节俭、慷慨、团结、爱国、敢作敢为"作为客家人的精神特点。

第三节
客家的形成

王阳明(图2-1),本名王守仁,字伯安,号阳明,世称阳明先生,为明代著名的思想家、文学家、哲学家和军事家,陆王心学之集大成者,精通儒、道、佛三家学说,与孔子、孟子、朱熹并称为中国儒家的孔、孟、朱、王"四圣"。

我们来看看王阳明对赣、粤、闽三省交界山区形成客家有何影响。

王阳明是在正德十二年(1517年)九月,以左佥都御史的身份出任第六任南赣巡抚,次年正月十六日至赣州就

图2-1　王阳明画像

职。直到正德十六年（1521年）六月，离开南昌回浙江绍兴。王阳明在江西连续任职四年半，是历任南赣巡抚中任职时间最长、对南赣巡抚辖区以后的社会面貌影响最深的一位。

明朝江西、福建、广东、湖广交界处的八府一州，在正德年间发生了大规模的民众叛乱，由于叛乱之地分属四省管辖的岭南山区，"各省巡捕等官，彼此推调观望，不肯协力追剿；遂全延蔓日多"。早年朝廷虽特派都御史去协调四省剿匪，"但责任不专"，致使匪没剿灭，反而越剿越多。王阳明就任南赣巡抚一职后，发现情况不对，上奏朝廷，要求巡抚兼提督军务可以调配这八府一州的军马钱粮，即要求将这八府一州的军事、行政大权集于一身，才好行使剿匪之命。正德十二年（1517年）九月十一日朝廷批准了王阳明的奏请，实际上也就批准了设立南赣巡抚特别军政区。从此以后，南赣巡抚对辖区内的军马钱粮可以方便行事，对文武官员可以军法从事，对盗贼可以生杀予夺。如此一来，剿匪形势果然好转，王阳明挥军南下，捷报频传，仅用一年半时间就剿灭了在这一地区作乱几十年的多股土匪。

但王阳明深知："破山中贼易，破心中贼难。""山中贼"是逃避国家赋役负担的逃户流民，"心中贼"则指民众心中犯上作乱的思想与造反精神。为了南赣巡抚军政区的长治久安，他出台了一系列的乡村治理与移风易俗的政策，一次性集中解决逃户流民入籍这个最大的问题外，他还强力推行了《南赣乡约》，要求各个乡村以"乡约"为单位，对本地居民一视同仁。按照王阳明的描述，乡约虽由官府提倡或实际组织，但参与人员都是民间乡人，仅是借助官府的支持，以民间群体约定的方式规范"同约之人"，尤其突出乡民的自我教育、自我劝诫和自我约束，利用乡里公众舆论评价的力量，实施道德伦理教化。由于王阳明《南赣乡约》的倡导，明中叶以后，乡约不但在南赣巡抚军政区，在全国各地都得到了较为普遍的推广。

此外，王阳明还下令南赣巡抚军政区的每个乡村都要兴社学、办乡馆,完善乡村小学教育体系;而且,他自己也不遗余力地到处讲学,传播自己的"致良知"心学思想,从自身做起,带动身边及下属官员从根本上树立执政为民的思想,改变当时的官风,达到官场上的风清气正,消除民众反叛的源头。

总之,王阳明倡导的这套乡村治理体系及思想文化建设,对南赣巡抚军政区形成"表现于共同文化上的共同心理素质"至关重要。他的乡村建设思想是对"修身、齐家、治国、平天下"宋明儒教理论在新形势下的发挥,对南赣巡抚军政区形成一个基于宋明理学思想的共同价值观尤其重要。

综上,在赣、闽、粤三省交界山区形成的所谓"客家",并不是因为历史上中原移民多次南迁的结果,而是有着天时、地利、人和等多方面的因素。天时——明代正德以后欧洲列强开启的世界海洋贸易时代的到来;地利——赣、闽、粤三省交界山区既近海又远离三省的政治中心(南昌、福州、广州),具有中国率先发展对外商业贸易的地理条件;人和——一代圣贤王阳明任南赣巡抚。这三者缺一不可。

还需要说明的是,南赣巡抚军政区的设立,对客家民系的形成与客家土楼、围屋的建造,也起着至关重要的作用。历史上分属于福建、广东、江西、湖南四省,并有武夷山、南岭等天然地理屏障阻隔的南赣山区,在南赣巡抚军政区建立之前,还是一个盗贼强梁占山为王、时而四出劫掠的"蛮荒之地",国家行政管理体系相对薄弱。如果没有一个超越四省之上的行政机构——南赣巡抚兼提督军务的设立,并在这一地区实行长达170年的统治,要形成一个具有"优良文化"的客家民系与建设一批超大型的围屋民居,几乎是不可能的。

因此,我们认为,罗香林所谓的"客家大本营",其实就是南赣巡抚军政区;"客家"实际上就是"南赣","客家人"就是"南赣人"。这里并不存在一个与汉族有区别的"客家"民族或民系,这里仍然是汉族集中分布的区域。

第四节
赣南客家围屋的分布

　　赣南位于赣江的上游，是珠江三角洲与闽东南三角区的腹地，是内地通向东南沿海的重要通道。东邻福建省的三明市和龙岩市，南毗广东省的惠州市、韶关市，西接湖南省的郴州市，北连本省的吉安市和抚州市。

　　根据介绍，福建的客家土楼主要处于闽、粤两省交界的博平岭山脉西侧的闽西南地区，历史上属于汀州、漳州二府的管辖区域，以永定、南靖、华安等几个县市尤为集中，总数3000多座。南靖一个县就普查登记了近500座土楼，包括圆形土楼和方形土楼。而广东省的客家围龙屋则主要分布在博平岭山脉东侧的粤东北地区，历史上属于潮州与惠州二府的管辖区域。据统计，梅州现存的客家围龙屋总数有2万余座，遍布于全市各县（市、区），一般都有二三百年乃至五六百年历史。2009年梅州市还从各县区上报的71处围龙屋中挑选了5处围龙屋集中的村落和30个单体建筑作为申报世界文化遗产的候选项目。

　　赣南围屋集中分布在明清时期江西南部的赣州、南安二州府，福建土楼分布在南部的汀、漳二州府，广东围龙屋分布在广东东北地区的惠（梅州后来从惠州划出）、潮二州府。这些地方在明末清初时期都归属于南赣巡抚的辖区。

　　我们在上一章已经介绍了，"客家"的形成与明清南赣巡抚的设置密切相关。大家只要去对照一下客家大本营的位置与南赣巡抚辖区，就会发现二者的范围是高度重合的。

同样，围屋、土楼、围龙屋，虽然叫法不一样，但实质上都是一种大体量、封闭围合的民居建筑，也是集中分布在南赣巡抚的辖区之内的。特别是目前尚能保存下来的围屋、土楼、围龙屋，更是集中分布在赣、闽、粤三省交界的山区。如赣南围屋的最集中分布区就是在江西与广东两省交界的"三南一远"（龙南市、定南县、全南县、安远县）的山区。

据《赣南围屋申遗文本》介绍："赣南地区现存围屋700多座，其中有376座位于龙南境内，其余300余座分布在定南、全南、安远、信丰、寻乌等县。"本次提名申遗的8处15座围屋全部分布在"三南一远"地区。需要说明的是，龙南、定南、全南在明代隆庆三年（1569年）以前全部归属龙南一个县，后来随着龙南人口的增多与社会经济的发展，才分拆出定南、全南两个县。

先来看赣南围屋的分布现状。对于赣南的现存围屋数量与分布，研究赣南围屋的资深专家万幼楠在《围屋民居与围屋研究》一文中认为：赣南围屋以龙南的最具代表性，也最为集中。据不完全调查统计，往往一个自然村，便有七八座围屋。形式形制上也最全，除大量方形围屋外，还有半圆形的围龙屋式围屋、近圆形围屋，以及八卦形和不规则形的村围。平面上既有"口"字形围，也有"国"字形围；结构上既有三合土和河卵石构筑的，也有青砖、条石垒砌的；体量上既有赣南最大的方形围屋——关西围屋，也有最小的围屋——里仁白围（俗称"猫柜围"，形容其小如养猫之笼）。定南县几乎各乡镇均有围屋，但较零散，精品少，多用生土夯筑墙体，屋顶形式也有不少悬山，此为别县所少见。全南县围屋基本上采用河卵石垒砌墙体。安远县围屋主要分布在以镇岗、孔田为中心的南部乡镇，现存100余座。信丰县围屋较残破，今多存见于小江乡。寻乌县属珠江水系，过去一向受粤东文化影响，这里南部乡镇有不少围龙屋，但许多是在正面两隅设炮楼的围龙式围屋。以上各县围屋,总数估计在 600 座以上。

赣州市博物馆 2019 年举办的"客家摇篮"专题展中,对赣南围屋的数量与分布情况有了更为准确的统计,围屋总数是 536 座,具体分布在各地的数量见表 2-1。从表 2-1 可以看出:"三南一远"4 地的现存围屋数量多达 503 座,占整个赣南现存围屋总量 536 座的 93.8%。

由于龙南一地就保存有 376 座围屋,占赣南围屋总数 536 座的 70%,因此,要研究赣南围屋的地域分布情况,我们

表 2-1　赣南各市县围屋数量一览表

市(县)名	围屋数量(座)
龙南县	376
定南县	97
全南县	17
安远县	13
信丰县	14
寻乌县	6
会昌县	3
大余县	2
于都县	5
瑞金市	3
合计	536

还得解剖一下龙南的围屋分布情况,看其中有什么分布规律。根据 2012 年第三次全国文物普查的最新数据,龙南登记不可移动文物的围屋数量是 203 座,分布在全县 13 个乡镇中。我们根据龙南的交通主干线,将龙南划分为以下四大区域。

①龙南县城及其周边:包括龙南镇与桃江乡两个乡镇,普查登记了 38 座围屋。这些围屋的年代都比较早,大多在清代中期以前。围屋类型以村围为主,单个围屋的占地面积都比较大。这与县城周边建村比较早有关。

②中部区域:以县城通往广东省连平县方向的 105 国道为主线的乡镇,从县城到县界依次有东江乡、临塘乡、南亨乡、武当镇、杨村镇等 5 个乡镇,普查登记了 85 座围屋。围屋年代有早有晚,以晚清时期的为多。围屋类型以围龙屋与实心方围为主,但在最边远的杨村镇发现有好几座空心方围。

③东部区域：以县城通往定南县方向的 327 省道为主线的乡镇，从县城到县界依次有里仁镇、关西镇、汶龙镇等 3 个乡镇，普查登记了 56 座围屋。围屋年代 90% 以上都是清代，少数几座可以早到明代。围屋类型以实心方围为绝大多数，少量为村围与空心方围。

④西部区域：以县城通往全南县方向的 45 国道为主线的乡镇，从县城到县界依次有渡江镇、程龙乡、夹湖乡 3 个乡镇，普查登记了 24 座围屋。其中 4 座围屋的年代为清初之前，其余都是清中期以后。围屋类型以实心方围与围龙屋为主，也有几座是空心方围。

从龙南的现存围屋分布状况来看，比较繁华的城郊地带与偏远的乡村山区一样都有围屋分布，可以说，围屋在城乡之间的分布比较均匀，这是第一个分布特点；第二个分布特点是在龙南中心城区及集镇或开基比较早的古村，分布有数量较多的早期围屋，而且早期围屋的类型以平面布局不规则、占地面积较大的围村居多。这说明了这些开发比较早且人口相对集中的地方，都在明代或清初就以全村或家族的力量集体建造了围村，以进行共同防卫；而开基建村较晚的边远山区，由于人口分布相对较分散，没有组织或能力去建造围村，只能独家建筑空心或实心的围屋与围龙屋，来满足家庭自卫或家庭人口繁衍后的居住需要；第三个特点是在清朝以前开基的古村，存在围村与实心围屋两种类型共存的分布状态。像上述的龙南关西村就是一个典型。在晚清太平天国运动期间，营造围村仍然是一些家族比较团结的村庄用以防御外敌入侵的重要手段。由于实心围屋是单家独户营造，过程会比较漫长，在战乱时期并不存在快速造好的条件，因此大多建造于和平年代。

龙南围屋的这三个分布特点，应该可以代表整个赣南围屋的分布特点。因此，过去有专家认为赣南北部有些县域现在见不到围屋分布，是由于那些地方靠近政治中心，比较安全，没有建造围屋的必要，这种看法是错误的。事实上，围屋在地方上的政治中心同样有分布，如在定南县老县城的下历镇就有围屋遗存；在赣州市章贡区也有张家围、赖家围等地名，说明赣州城区在明清时期同样有过围屋分布。总之，赣南围屋是明清时期赣南上层社会——豪强地主阶级建造的豪华民居，既反映了明清时期赣南社会的动荡不安，又反映了明清时期赣南社会财富的巨大增长，是赣南山区经济在明清时期得到快速发展的一种标志。

综上，我们有以下两点认识。

第一，围屋不是客家移民建造的，而是南赣巡抚辖区内的豪强地主阶级建造的。这个阶级性，决定了围屋是南赣所有民居中最为坚固、豪华的高级民居，代表了明清时期南赣建筑的最高水平。

第二，围屋不仅分布在赣南，还分布在闽南、闽西、粤东、粤北，以及所有在明清时期属于南赣巡抚的军政辖区。赣南围屋与福建土楼、广东围龙屋出现的历史背景和时代都是相同的，建筑特征与社会形态也基本相同。因此，三者在理论上应属于同一类民居，我们称之为广义的围屋，更合理的名称是"南赣围屋"。

第三章
赣南围屋的
营造历史

第一节　明代赣南围屋的创始形态
第二节　清代赣南围屋的发展

我们从万幼楠《赣南客家围屋之发生、发展与消失》一文中知道，赣南围屋营造的历史下限是 20 世纪 30 年代。现存 70% 的围屋都是清代道光以后因太平天国运动影响而建造的。

这样，赣南围屋的营造时代从明代中期至民国中期，跨越了三个朝代，时间有四百多年。在这么长的时间内，赣南经历了四个战乱比较频繁的历史时期：①明代成化至嘉靖年间的"山贼"盗乱时期；②明代崇祯至清代康熙年间的反清复明斗争时期；③清代同治至咸丰年间的太平天国运动时期；④1929—1934 年中央革命根据地的红军拔"白点"时期。这四个战乱时期，正是赣南客家围屋创始、发展、繁荣、衰落的一个完整周期。

第一节
明代赣南围屋的创始形态

对赣南围屋的创始缘由及创始时期的围屋形态，专家们已经做过大量的调查与考证工作。

一、城堡式民居——围村的创始

从现在笔者掌握的资料来看，万幼楠先生所谓的赣南"城堡式民居"——围村的创始并不是在明末清初，而是在明代中期。最早的允臧城始建于正统四年(1439年)。建筑高峰期在王阳明任南赣巡抚大力倡导修城筑堡之际的正德至嘉靖年间。

不但在赣南,在南赣巡抚军政区内的闽南、闽西与粤东,这一时期也开始修筑土城土堡。王阳明主动协助在籍地主修建土城土堡的民间资料记载说明,土城土堡不但是应在籍地主的需求而筑,也是应王阳明为加强国家统治力量,增设县城、修筑城堡的御敌决策要求而筑。这样,不但可以弥补官方修城筑堡的资金困难,又加密了维护社会治安的天罗地网,一举两得。

二、围楼民居——空心围屋的创始

最早的围楼是军事防御性的碉楼。有些碉楼为了增强防御功能,往往在四周开挖有4~5米宽的水渠,架设一座吊桥出入,所以又被称为"水楼"。

南安府崇义县聂都乡在明代曾建有五座水楼。这五座水楼传说是在明宣德或成化年间创建的,它们聚处一区,以"东、南、西、北、中"的方位布局,分别居住着黄、罗、吴、周、张五姓。在防卫中,这五座水楼可以相互配合,互为声援,从而形成血缘关系与地缘关系相结合的乡族集团力量,弥补了单个家族防卫能力之不足,也说明聂都五姓人家休戚相关的地缘关系。

在龙南市渡江镇的上圳村,也有一座围楼,被称为"水围";传说始建于明初的永乐、宣德年间;长40米,宽31.5米,墙厚0.9米,高三层,设有四角炮楼,共有枪炮眼216个,二、三层有内走马楼。里面是一个大坪,还有一口水井。这座水围比崇义的水楼明显要大很多,和清代以后常见的空心方围基本一样。它很可能是赣南最早的一座空心方围。

福建土楼的诞生和客家人、闽南人的土客之争没有任何关系,这完全是寄庄地主与占田军官为了在非法获得的大片田地上取得最大的经济效益,兴办了类似现代农场的结果。这些或方或圆的土楼就是寄庄地主与占田军官兴办的农场里的营房与仓库。只是在明末清初,由于清政府实行海禁政策,月港的合法对外贸易港口地位被取消后,这些从事对外商品生产与加工的田庄也被迫破产,这些土楼就变成破产农民的民居。也正是由于其建造属于非法,居住权的取得不是正大光明的,因此造成如此宏伟的建筑居然在历史文献资料中没有任何记载。

三、高级府第——实心围屋的创始

实心围屋是在以宗祠(当地人称为"厅厦")为中心的府第式民居建筑的基础上,在周围加建一圈以上的围屋而构建形成。

既然是以宗祠为中心,那么实心围屋的创始必在朝廷准许民间营造宗祠之后。

在明嘉靖十五年(1536年)之前"庶人无庙"。宗庙制度最早产生于周代,到秦代,"尊君卑臣,于是天子之外,无敢营宗庙者"。宗庙为天子专有。所以,秦汉以后,民间并没有自己的宗庙,祭祖活动多在家中或墓地举行。宋代以后大家族可以修建宗庙,但一般还是在祖宗墓地修建,不会在村庄中修建,更不可能建在自家民居的中心位置。直到明代嘉靖(1522—1566年)以前,仍然是"庶人无庙",也就是平民百姓没有合法的祭祖礼堂。

明嘉靖十五年（1536年），礼部尚书夏言上《令臣民得祭始祖立家庙疏》，于是皇帝下诏"许民间皆得联宗立庙"。从此，一批乡绅尤其是王阳明的弟子们为重建乡村宗族秩序不遗余力，在全国各地兴起一股建祠堂、修家谱、立族规、办族学的"收族"之风，到清康熙年间，赣南社会进入全面宗族化，庶民宗族制度得以完全确立。

伴随着赣南乡村的宗族化，赣南乡村开始出现大批的宗祠建筑。当时的宗祠建筑一般都按照南宋理学家朱熹《家礼》一书的"祠堂之制"布局。朱熹的祠堂布局就如一座实心方围。所以赣南实心方围的出现，并不是受汉代坞堡的影响，也不是受官府衙门的影响，实心方围其实是在王阳明弟子等明代科举生员的指导下，严格按照朱熹《家礼》上的"祠堂之制"建造的。

从正德十二年（1517年）开始，王阳明在南赣地区推行"十家牌法"，让住在老村内的官绅地主们时刻担心会因本里甲混入"盗贼"而遭到"十家连罪"的治安处罚。从追求全家安全与生活自由空间的角度，这些官绅地主们本就有迁出老村，开基创立仅属于自己家族府第的迫切需要，于是类似于现代别墅、单门独户、大型封闭的实心围屋就在嘉靖后期产生了。

我们认为，赣南客家围屋的创始时间是在明代正德年间王阳明担任南赣巡抚期间。

第二节
清代赣南围屋的发展

　　南赣巡抚到清康熙四年(1665年)五月就撤销了,而南赣地区的围屋民居不但没有随之停止建造,反而在清代进入建造的高峰期。现在南赣大地上保存的围屋,70%以上都是清康熙以后建造的,这又该做何解释呢?

　　我们认为,围屋类民居的营造之所以在清代不但得到延续,而且发扬光大,进入营造高峰期,是因为王阳明担任南赣巡抚期间采取的一些地方治理与乡村治理的政策,不但在明后期得到继任的南赣巡抚们拥护,而且更被大清历代皇帝奉为治国安邦的良策。因此,建造围屋,以及类似围屋的大型、封闭式民居,在清代不但没有停止,反而发展到历史高峰,甚至对外传播,影响到全国广大地区。

一、清代赣南围屋营造的分期

　　根据上面介绍的清代赣南地方社会发展史,我们将赣南围屋营造划分为清初期、清中期、清后期至中华民国三个时期。

1.清初期[康熙二十年(1681年)之前]

这一时期，赣南社会仍然处于从明末延续下来的社会动乱时期，所以常被统称为明末清初时期，这一时期是赣南历史上最为黑暗的时期。此时既有地主与佃农的阶级矛盾引发的"山贼"盗乱，又有沿海倭寇劫掠引起的"闽寇""广寇"的劫掠，更有明清朝代更替引发的战争。

明末清初时期，赣南围屋的营造绝大多数是以自然村为单位，由全村居民集体出资出力营造，围屋的所有权与使用权也归属村集体，不是某个人。这是战乱时期的必然选择。也就是说，清初期的赣南围屋虽然出现了一些家族式的围楼，但占主流的仍然是围村，基本没有单家独户的围楼。

2.清中期[清康熙二十一年至咸丰二年(1682—1852年)，即从康乾盛世到太平天国起义军进入赣南]

这一时期是赣南社会在历史上经济发展的一个高峰时期。政治上由于康乾盛世而天下太平；经济上由于清中期实行广州一口通商政策，赣南凭借地缘优势，吸引了闽粤等省的产业农民大量迁居过来，发展种烟叶、种甘蔗、种蓝靛、种苎麻等经济作物，并发展起制烟、制糖等手工业；文化上科举进士人数大增、人才辈出。所以整个赣南社会呈现百业兴盛、一片繁荣的景象。

伴随着社会上富豪与权贵的增多，代表其上层社会标志的民居形式——单家独户的厅屋组合式府第民居开始大量出现在赣南城乡。这种厅屋组合式府第，一般是以中轴线上的厅堂为中心，从标配的两堂两横，随财力大小与居住人数多少，不断向前后或左右扩展，以至于形成所谓的"九井十八厅"或"九厅十八井"的大型府第(图3-1)。需要说明的是，这种大型府第式民居，虽然占地与建筑面积都很大，厅与房的间数也很多，但居住在里面的仍然是一个家庭而不是一个家族的人。

因为在明清时期实行的是一夫一妻多妾制,一夫有七八个甚至十几个儿子都属于正常,再加上家仆人数众多,所以一个家庭拥有上百号人是司空见惯的。

另外,伴随着大量闽、粤移民进入赣南投资种植经济农作物并设厂进行加工生产,在赣南大地上也出现了明末在福建、广东沿海一带常见的

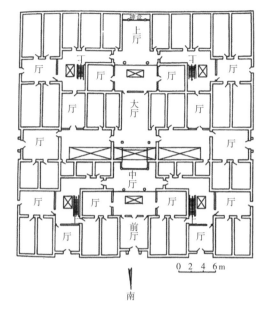

图3-1 凤岗董氏九井十八厅

农场与农作物加工厂,比如瑞金出现数百处福建漳州、泉州"寄庄地主"开办的制烟厂。这些制烟厂会是什么样的建筑形态呢?它们既有可能是竹木搭建的竹棚与木棚,因为在赣北从事经济作物种植与加工的这类闽、粤移民,在地方文献上就被称为"棚民";也有可能部分制烟厂是用土木构建的或方或圆的空心土楼,即类似闽南永定、南靖县保存下来的明代土楼。这种用来做厂房的空心土楼,由于建筑比较简陋,保存下来比较难,目前人们只在邻近瑞金市的石城县的偏僻山区发现了几座小型土楼(图3-2)。而瑞金与石城,当年正

图3-2 石城县空心土楼遗址

是福建人种烟与办烟厂最多的县。

总之，清中期由于社会安定，加上没有允许修建防御性军事堡垒的政策，这一时期不存在营造带防御性工程的围屋民居的条件，是围屋营造的一个空白期。不过，这一时期营造的大量厅屋组合式府第民居与宗祠建筑，为下一个时期——清后期至中华民国营造围屋打下了坚实的基础。

3.清后期至中华民国[清咸丰二年至中华民国二十年（1852—1931年），即从太平天国起义军进入赣南至工农红军进入赣南]

这一时期，先是太平军在这里转战十几年，后来以"反清复明"为宗旨的花旗军、天地会党活跃在赣南山区，赣南又进入一个长达百年的战乱纷呈的不安定时期。

咸丰二年（1852年），咸丰帝任命前刑部尚书陈孚恩为江西团练大臣，负责"团练防堵事宜"起，赣南仿佛回到了明代正德王阳明下令各乡村组建民兵、建立民团的历史时期。随后以曾国藩为首的湘军进入赣南镇压太平军，又搬用王阳明对付山贼的"坚壁清野"政策，致使赣南大地上进入营造围寨的历史高峰。

| 二、清代赣南围屋的发展状态 |

清代赣南围屋民居的营造，除了明代中后期常见的土城、土堡、土围等形式的军事化围村与在动荡岁月继续由宗族集体大力营造的山寨之外，由于康乾盛世的到来，赣南乡村有钱有势的豪绅地主增多，由豪绅地主营造的民居性狭义围屋，其营造也进入历史高峰。与明代相比，民居性狭义围屋的营造，第一个变化，也是最明显的变化就是实心的围屋与围龙屋大量出现；第二个变化是实心围屋与围龙屋的向外扩展,在原来单重实心围屋与围龙屋的基础上,扩建第二重、第三重围屋,演变成多重围屋;第三个变化是在许多村庄出现成群结队的围屋群,争奇斗艳,围屋民居成为当地富豪炫耀个人财富与社会身份的一张名片。

1.宗族集体营造围寨之风再起

晚清咸丰、同治时期,太平军进扰赣南,赣南再一次掀起了集体修筑围村与山寨以"聚族自保"的热潮。动荡时代构筑的这些乡村围寨,通常规模宏大,结构坚固,防御设施完备,其目的是避乱和聚族自保,也因为建筑工程费时费力,往往需要动员家族集体财力和花费数年时间方能完成,有的围寨甚至是经数次建造才得以完工建成。

2.实心围屋的营造数量大增

为了更宜居,更顺应清代乡村全面宗族化,清代赣南民居性围屋,以中心带厅屋组合的府第型围屋为主。有的甚至将原来的"口"字形空心围改造成"国"字形的实心围。

从"口"字形空心围转变为"国"字形实心围屋的一个最好例证就是安远县的东生围。

从陈朗廷自撰的《建造东生围记》可知,到第二期工程完工时,"正厅处仍有卢姓众田不肯迁就",一方面说明到清咸丰年间,赣南的宗族聚居化尚未完成,另一方面说明东生围在建造之初,陈朗廷根本就没打算在中心建造正厅,只想建造一座空心农庄,用以生产加工农产品,只是后来形势的发展出乎意料,特别是随着鸦片战争结束后《南京条约》的签订,从广州的一口通商,变成广州、厦门、福州、宁波和上海的五口通商,赣南作为广州出海腹地的区位优势丧失,从事出口农产品种植与加工的闽、粤投资商人撤走,他建农庄发展产业的梦想泡汤,再加上时局变得动荡,他只好将空心农庄改建成一座府第式的大围屋。

由空心围改成实心围的,还有龙南县的沙坝围与燕翼围。这两座围楼建设之初都是保家楼,纯粹用于战时避难保家用的。但在中华民国以后,龙南远离了战争,一些村民就搬进两座围楼去住,把它们当成民居。为了生活方便,村民就在围楼中间搭建了厅屋或厨房。

不过,这一时期出现的绝大多数实心方围都是先有府第民居建筑,后来因为太平军转战赣南,为响应清政府"坚壁清野"以切断太平军补给的政策号召而加建了外围的围屋或围龙屋,从而形成实心围屋与围龙屋。

3.围屋的向外扩展

清代围屋的一个变化就是很多围屋因子孙繁衍造成人多屋少的矛盾,于是不断向外扩展加建,出现了一些多重或不对称的围屋变异形态,如定南县的船形围、明远第围、虎形围。

4.围屋成群结队出现

围屋民居是一种既安全又宜居,还特别保护隐私的民居形式,更是社会身份与财富的象征。因此,在上层社会的引导下,在清代中后期,建造围屋成为赣南乡村社会的一种时尚潮流。下面举几个例子。

如《赣南围屋申遗名录》中的龙南关西村就有财主徐名钧父子各自建造的关西老围(西昌围)与关西新围,旁边还有徐名钧的叔伯与兄弟建造的坎下围与田心围,族亲徐绍禧建造的福和围,五座围屋共同构成一个家族围屋群(图3-3)。

图3-3　龙南关西村围屋群分布图

图3-4　龙南杨村燕翼围屋群

龙南杨村的燕翼围主人是赖福之的长子赖从林,而赖从林的两个弟弟赖德林与赖衡林都有属于各自的私家围屋,特别是燕翼围建造者赖从林的四个儿子也不与父亲同居一屋,而是各自分离出去建造了四座属于自家的新屋,共同组成了一个庞大的家族围屋群(图3-4)。

还有安远县老围村的东生围、蔚廷围由陈朗廷与陈蔚廷兄

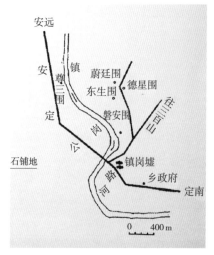

图3-5　安远县老围村围屋群分布图

弟俩各自建造,陈朗廷又助其三子先彩与六子先任先后建造了磐安围与尊三围,旁边还有族中兄弟建造的德星围等(图3-5)。

这样的围屋群还有很多很多。龙南武当镇岗上村更是有十几座大大小小的围屋密布其中,只是目前大多残缺不全,破坏严重,没有福建的土楼群那么有视觉冲击力。

总而言之,从清后期至中华民国时期,围屋已经成为赣南上层社

会在营造民居时的首选,无论贫富,使用什么建筑材料,他们都想建造围屋类的民居。一家财力不够,就几家合建。所以,我们在龙南看到了二姓围、八姓围,还有一座十姓围。在安远县孔田村有座华三围,是由华氏三兄弟合建;在安远县凤山乡还有一座建于清同治三年(1864年)、落成于清同治七年(1868年)的享安围,是由吴氏七人三家共建。

凡事盛极而衰。当一个家族分崩离析去建造多座围屋时,看似家族达到社会财富与围屋营造的历史高峰,其实意味着这个权贵家族的没落已经开始。因为财富都用去营造围屋了,而不是用于扩大再生产,财富就不能增值,自然就有消耗枯竭的一天。所以古语云:"富不过三代。"清代后期,中国从康乾盛世开始衰落,进入半封建半殖民地时期,国弱民穷;进入中华民国,更是军阀混战、国无宁日,大地主阶级的统治根基在工农武装起义的打击下日趋瓦解,封建宗族面临解体。因此,建立在大地主阶级巨大财富与封建宗族制度基础上的大型、封闭型民居——围屋,自然也就随着它的主人——大地主阶级一起走向没落,并在工农阶级夺取政权后,彻底地走向崩溃。

第四章
赣南围屋的建筑材料与工具

第一节 赣南围屋的建筑材料
第二节 赣南围屋的建造工具
第三节 赣南围屋的建筑匠作与营造分工

建筑是人类活动的内在机制与自然环境相互作用的结果,是一种人造的空间艺术,但它的存在从没有摆脱过自然环境的影响。赣南客家围屋也不例外,顺应自然、因地制宜、适应环境、就地取材。

第一节
赣南围屋的建筑材料

赣南位于北纬24°29′~27°09′、东经113°54′~116°38′,总面积约39379平方千米。地形以山地、丘陵、盆地为主,是"八山半水一分田,半分道路和庄园"的丘陵山区,其中丘陵面积24053平方千米,占赣州市土地总面积的61%,海拔高度平均在300~500米。

赣南属亚热带季风气候,具有冬夏季风盛行、春夏降水集中、四季分明、气候温和、热量丰富、雨量充沛、酷暑和严寒流时间短、无霜期长等气候特征,十分适宜林木生长。林业用地面积占全市土地面积的77.1%,森林覆盖率74.2%,位居全国前列。

在生产力低下、商品经济不发达的古代,赣南人为获得更理想的栖息场所,以人为本,结合自然环境,兼顾气候条件,因地制宜,因势利导,"在山能沾山林运,近水能收水产财"。赣南围屋建筑的一大特点就是充分使用当地的建筑材料。就地取材不仅不用花钱采购,还可以节约大量的运输费用,而且经过上千年实践赣南人在木材、石材的采集,砖、瓦的加工和制作方面已积累了许多成熟的经验。这些技术已经成为赣南围屋营造技艺中的重要组成部分。

| 一、木材 |

赣南围屋建筑材料中的木材主要是杉木。杉木与松木是赣南山林的主要树种。当地民谚有"水浸千年松，高吊万年杉"之说，说明松木喜欢地下潮湿的环境，在水中不会腐烂；而杉木正好相反，喜欢高处通风、干燥的环境。因此，松木主要用于修筑堤堰、土坝等水利设施，偶尔在围屋平整地基时也会用它来固土护坡。杉木则大量用于建造围屋等民居的梁、柱、楼板、瓦桷、门、窗等，屋内的家具大多是用杉木制成（图4-1）。

图4-1　明远第围的杉木栋梁

赣南地处南方盛产木材的山区，在明清以来的普通民居中，木构建筑却没有成为主流。对此，有学者分析其原因有以下三个方面。

一是赣南人保留了北方建筑方式。我国南北地理条件差异较大，北方中原地区寒冷干燥，平原地区缺少林木。从原始社会起，赣南人便以生土作为主要建筑材料，从穴居到半穴居，发展到夯筑和土坯建筑，其中夯筑与土坯建筑贯穿着整个古代社会，至今仍是广大民居的主流形式。赣南民居中生土建筑有两种类型,一种是土坯建筑,另一种是夯筑墙建筑。

二是与赣南围屋建造的历史环境息息相关。赣南围屋最早出现在明代中晚期,盛行于清代中晚期。据统计,现存围屋约70%都是道光以后建造的,而中华民国之后,围屋被普通民居代替,逐步消亡。由此可见,赣南围屋流行于自然环境和社会环境都十分险恶的年代。明末清初,匪患不断。为提高围屋的防御功能,赣南人选择了更坚实的三合土夯筑墙、石墙、砖墙、金包银等建筑方式。

三是赣南人把自然优势转化成了经济优势。像关西新围、燕翼围、乌石围等围屋主人都是靠做木材生意发家后建围的。赣南客家人生活艰苦,只有充分利用自然资源才能改变生活状况,于是他们就把上等的木材经水路卖到北方换钱,所以自身的建房用材,木材并不是主流。

对此解释,笔者不完全赞同。笔者认为,赣南围屋等民居不用木材做民居主材的最主要原因还是当地的地理环境与气候不适合。这里的山区不但草木茂盛、瘴气很重,而且每年四五月份的梅雨季节很长,雨水充沛,潮湿阴冷,决定了当地居民要选用更加密封、防潮的建材来建造自己的家园;围屋属于堡寨式建筑民居,无论是对抗敌人,还是对抗出没无常的野兽,用砖、石、夯土筑墙,都比木材要坚固、抗攻击。

| 二、石材 |

赣南围屋建筑材料中的石材主要有条石与鹅卵石。条石有花岗岩与红砂岩两种。花岗岩在当地一般被称为麻条石,较红砂岩更坚硬,且不易风化,但因开采难度大、运输不便,主要用于建造富贵人家围屋的墙基、柱础、门窗的外框、外墙的转角以及天井、排水沟，偶尔也用于门前主干道辅路。龙南市桃江乡的龙光围整个外重墙体都是用大块的麻条石砌筑而成的(图4-2)，这是特例，因为离此不远的下左坑就有一座麻条石山，可就地取材。红砂岩是一种容易风化、脱皮的石材，不够坚硬，但由于颜色与红漆相配，比较喜庆，加上容易雕刻装饰图案，因此，在清代中晚期的民居建筑中被大量使用。

图4-2　龙光围的麻条石墙

鹅卵石是形状、大小不一的石块，非常坚硬。赣南山区多小溪，溪流的河床中多鹅卵石，这些鹅卵石都是经水流长年冲刷出来的。因地制宜，就地取材，充分利用，鹅卵石对并不富足的山区居民来说，是一种只出力不用出钱的材料，十分经济。因此，我们在赣南一些靠近河床的村落，常可看到用鹅卵石砌墙与铺地的民居。比如龙南市武当乡岗上村的围屋群(图4-3)，全部墙体是用鹅卵石砌筑。但在大多数村落，鹅卵石只是用来做承重的墙体，砌到离地面0.6~1.5米处，上面墙体砌的还是青砖或泥砖。鹅卵石不仅大量用于砌墙，还广泛用于铺砌围屋内的天井(图4-4)、檐阶过道、门坪等易受雨水打湿的地方。特别在围屋厅堂大门前的门坪上，常可见到拼成各种花纹图案的鹅卵石路面

（图4-5），融工艺性、实用性（耐磨、防滑、吸水）于一体，成为赣南围屋民居的一大地方特色。

图4-3　岗上村围屋的鹅卵石墙

图4-4　东生围的鹅卵石天井　　　　图4-5　鹅卵石路面

｜ 三、泥砖 ｜

　　泥砖又称土坯砖。用田泥掺沙与碎稻草,加水拌成泥糊,然后用一定规格的木模压印成块,晾干之后即可。这是一种只需要出劳力不用花钱的建材,经济实用。因泥砖怕水,所以用泥砖垒砌墙体一般都要先用鹅卵石或青砖砌好下层墙基。这种泥砖墙最多只建两层,高约5米,建得太高怕承压不起。泥砖墙虽不算坚固,使用上百年还是问题不大。泥砖屋直接在墙上架梁,梁上直接竖钉椽(格子),用烧制的小青瓦片,阴阳覆盖,上面压几块山石或砖条。赣南与岭南等山区,早在宋朝就开始使用泥砖砌墙做屋,有千年历史。这种廉价的建材,在围屋这种高档民居中一般只用于内部不易让外人看见的墙体,外墙与祖厅是不用的。

｜ 四、三合土 ｜

　　三合土顾名思义,是以土为主的三种原料的混合物。利用这种混合物可以夯打成最坚实的土墙。

　　赣南的地质存在大量的"亚黏土",俗称"黄土""红土"。三合土中不得含有有机杂质,这样才适用于建房子。在明代,有石灰、陶粉和碎石组成的"三合土";在清代,除石灰、黏土和细沙组成的"三合土"外,还有石灰、炉渣和沙子组成的"三合土"。赣南常见的三合土是用石灰、黄土、鹅卵石三种材料,有的加碎石块、片石块等,有的为了加强其硬结度,还掺入桐油、红糖、糯米浆等黏性物,其坚结度、防水性和耐久性毫不逊色于现代水泥混凝土。在赣南围屋的建造中,三合土常用于夯筑外墙与铺地。比如有江南景致的栗园围,规模宏大的关西新围(图4-6),高大坚固的燕翼围,其墙面传说都是用糯米粉、红糖搅和了蛋清的三合土涂刷而成,一旦居民遭到围困而断粮,便可剥下墙面来充饥。

在定南县神仙岭以南的乡镇中,大部分围屋都是用一种以红土做主材的三合土墙(图4-7),俗称"干打垒"。有的为了加强墙的刚韧度,在墙内加一些长竹子或木条,还有的墙为防风霜雨雪侵蚀,在土中掺和一定比例的碎瓦砾或间隔一定距离加一条砖。

图4-6　三合土墙(关西新围)

图4-7　三合土墙

五、青砖

青砖是黏土烧制的,黏土是某些铝硅酸矿物长时间风化的产物,因具有很强的黏性而得名。将黏土用水调和后制成砖坯,放在砖窑中煅烧(900℃~1100℃,并且要持续8~15天)便制成砖。黏土中含有铁,烧制过程中完全氧化时生成三氧化二铁呈红色,即最常用的红砖;而如果在烧制过程中加水冷却,黏土中的铁不完全氧化则呈青色,即青砖。青砖属于烧结砖,具备更好的耐风化、耐水、抗冻性、不变形、不变色的特点,而且透气性强、吸水性好,能保持空气湿度,耐磨损,万年不腐,是房屋墙体、路面装饰的理想材料。清代中期以前的赣南围屋,属于富贵人家民居,青砖的使用比较普遍(图4-8);晚清及中华民国时期的赣南围屋,主要由于当时社会比较动荡,外国商品经济冲击,围屋建造者财力有限,青砖使用比较少,黏土要么只用于墙体的上部(墙体下部用鹅卵石等),要么只用于墙体的外表(所谓的"金包银")。除了砌墙,青砖还用于铺地(图4-9)。

图4-8　青砖墙(东生围)

图4-9　青砖铺地(关西新围)

六、小青瓦

　　小青瓦在北方地区叫阴阳瓦,在南方地区叫蝴蝶瓦、阴阳瓦,俗称布瓦,是一种弧形瓦。小青瓦以黏土(包括页岩、煤矸石等粉料)为主要原料,经泥料处理、成形、干燥和焙烧而制成。小青瓦在烧熟之后要加一道叫洇窑的工序,洇窑之后起化学反应才呈青灰色。如果没有这道工序,烧出来的瓦片就呈红色。赣南人常说:"老师傅烧红瓦",是讥笑能人把事情办砸了。小青瓦规格一般长为200毫米,宽为130~200毫米,厚度为6~10毫米。小青瓦一般取自黏土,可就地取材,造价低廉,常以交叠方式铺设屋顶,隔热性能良好。小青瓦的缺点是它属脆性材料,施工易损坏,且小青瓦片小,施工效率低。小青瓦具有黏土厚重的天然本色,质地细腻、质朴自然,给人以素雅、沉稳、古朴、宁静的美感,是修建赣南围屋民居屋顶的首选材料(图4-10)。除铺设屋顶外,小青瓦还广泛应用于建筑的其他方面,如围墙、漏窗、地面等。

图4-10　小青瓦屋面

　　建围屋除以上这些建筑材料外,还要准备大量的石灰、细沙与纸筋泥等辅助材料。其中石灰(图4-11)是必须购买的材料,细沙与纸筋泥是当地河床附近可以开采的。纸筋泥又称"草纸泥",是一种颜色土黄似草纸、质地纯净的细沙(图4-12),用水搅拌后,即可用来黏结土砖、粉刷墙壁,也可代替石灰用来作为鹅卵石、青砖铺地时的黏结剂,在赣南民居建筑中会大量用到。特别是对一些买不起石灰的贫穷人家,纸筋泥是建房材料的首选。

图4-11　石灰

图4-12　草纸泥浆

第二节
赣南围屋的建造工具

　　赣南围屋是南方汉族传统民居中的一个分支,是特定时代、特定环境下的产物,其建筑形制有一定的特性,建造工具也是中国传承千年以上的传统工具。

　　赣南围屋的建造工具可以分为木工工具、泥工工具、漆工工具三大类。

| 一、木工工具 |

木匠的出现及木工工具（图4-13）的不断改进，对中国建筑业的辉煌发展起到了极其重要的推动作用。妙匠用妙具，妙具出绝品，真正构建出中国辉煌的木建筑世界。

图4-13　木工工具

1.锯子

锯子（图4-14）是传统木工工具之一，用于木材的横向切断及纵向分解。手动锯历史久远，可推溯到商周，《墨子》中已有记载。

根据使用场合的不同，锯子可以分为以下几种。

大锯——俗称"二人抬"，常用于解锯板材，锯齿由中间向两端倾斜，使用时两人各拉一端。

二锯——常用于将板材锯成毛坯和开榫之用，因用途不同分为锉锯和截锯。

图4-14　锯子

小锯——用于断榫肩，下端无锯钮，故又名"偏刹锯"。

钢丝锯——又名"锼弓子"，由竹板制成，锯条用细钢丝刹出齿刺，故称钢丝锯。因为锯条很细，可以轻松走曲线，所以钢丝锯是雕刻工的常用工具。

小刀锯——细长条形,又称"抽条锯",常用于组装时候刹肩用,用于普通锯伸不进去的地方,可用于锯宽板。

小镂锯——用于横向在板上开槽。

2.斧子

斧子(图4-15)是传统的木工工具。斧头为金属所制,斧柄为木质。刀口形状一般为弧形(有时也为直线形)或扁形。用斧子"砍削"是传统木工的基本功,"一世斧头三年刨"。要掌握刨子不容易,用斧比用刨更难。

斧子有单(面)刃斧和双(面)刃斧。单刃斧的刀刃居一侧,适合做细加工;双刃斧的刀刃居于中,适合做粗加工。

斧子是凿榫眼的最佳敲击工具,比锤子好使得多。斧子水平摆放,底面积比锤子大得多,不容易敲偏打到手,重量也比锤子重得多。 用斧子砍边,木料纹理较直时,三两下就可砍好,比锯子快得多。斧子削木楔也很好用。 在没有电动工具的时代,斧子是木工的利器,木匠是很看重自己的斧子的。

图4-15　斧子

3.刨子

刨子(图4-16)是制作传统古典家具的一种常用工具,由刨刃和刨床两部分构成。刨刃是由金属锻制而成的,刨床是木制的,即将一段钢质刀刃斜向插入一个带方形孔的台座之中,上用压铁压紧,台座

图4-16　刨子

呈长条形,左右有手柄,便于手持。

刨可分为以下几种。

长刨——用于拼缝,刨身长过半米,也有的将刨楔装到刨刃底下,以增大刨刃角度来处理较硬的木料。

净刨——用于净光表面。

槽刨——用于开槽,根据需要定刨刃宽窄。

线刨——种类极多,根据线形需要形状各异。

手工刨削的过程,就是刨刃在刨床的向前运动中不断地切削木材的过程。把木材表面刨光或加工方正叫刨料。木料画线、凿榫、锯榫后再进行刨削叫净料。家具结构组合后,全面刨削平整叫净光。

4.钻子

钻子(图4-17)是由握、钻杆、拉杆和牵绳等组成的,内有圆孔,竹片与钻杆相接,可以自由转动,是用来钻孔的。常用的钻子有牵钻和弓摇钻两种,弓摇钻适用于钻较大的孔。这两种钻子都可以通过更换钻头来改变钻孔大小。

图4-17 钻子

5.凿子

凿子(图4-18)是传统木工工艺中,用于凿眼、挖空、剔槽、铲削等制作方面的主要工具,一般与锤子配合使用。

凿子是挖槽或穿孔用的工具,使用凿子打眼时,一般左手握住凿把,右手持锤,在打

图4-18 凿子

眼时凿子需两边晃动,目的是不夹凿身,另外可以把木屑从孔中剔出来。

6.锤子

图4-19 锤子

锤子(图4-19)是最常用的矫正或是将物件敲开的木工工具。锤子有多种形式,常见的形式是一柄把手以及顶部,顶部的一面是平坦的,以便敲击;另一面锤头的形状像羊角,其功能为拉出钉子。另外也有圆头形的锤头。

7.铲子

图4-20 铲子

铲子(图4-20)是常用的传统工具之一,主要用于铲削局部平面;形状较凿子细薄,刃口角度较小,手柄长,上端一般不带箍,操作者用手或肩部顶手柄作业,也可用手锤轻敲作业。根据用途的不同,铲分为平口铲、圆口铲、斜刃铲等。

平口铲:刀口是平的,刀口与铲身呈倒等腰三角形,主要用于开四方形孔或是对一些四方形孔进行修葺。

斜刃铲:刀口呈45°角,多用于雕刻和一些死角修葺。

圆口铲:刀口呈半圆形,主要用来开圆形孔或是椭圆孔。

菱铲:刀口呈"V"形,现在很少见,主要用于雕刻与修葺。

8.墨斗

墨斗(图4-21)是中国传统木工行业中极为常见的工具,古人有

"设规矩、陈绳墨"之称。民间墨斗由木工自制，墨仓常被雕作桃形、鱼形、龙形等，既为自娱，也是木工对手艺的一种炫耀方式。

图4-21 墨斗

墨斗多用于木材下料，使用时，从储有墨汁的斗中拉出一条细绳，紧绷在木材表面，在墨汁滴落前轻轻一弹，就能弹出一条直线，木匠根据这条线来切割木材。墨斗有时还用作吊垂线，衡量放线是否垂直与平整。

9.尺子

尺子(图4-22)是重要的测量、画线工具。尺分为以下几种。

方角尺——俗称"割角尺"，用于画90°的线，是画线的重要工具。

三角尺——用于画90°和45°的线，是画线的重要工具。

多角尺——常用于校验工件组装后的角度。

鲁班尺——相传为春秋鲁国公输班(后人称其为鲁班)所作，鲁班尺的长短无定。刻度分八大格，每大格又分若干小格，分别书写各种吉凶词，内容大同小异，规格亦不统一。建造房屋和制作

图4-22 尺子

家具时，从整体到每一部位的高低、宽窄、长短都要用此尺量一下，求得与吉利有关的刻度吻合，避开与灾凶有关的刻度，以满足主人祈求平安吉祥的心理。

10.木勒子（画线器）

这是一种好用的画线工具（图4-23），用木料做成一圆弧状器形，上面沿弧形轮廓钻若干眼，每个孔内插入长铁钉。使用时，先用尺子在木料上定好尺寸，画上标点，根据尺寸调整铁钉的长度，铁钉和标点对齐，右手握紧木勒了，左手按住木料，使劲一拖，便可在木料上划出刀痕，省力方便。

图4-23 木勒子（画线器）

此外，木匠的雕花工具主要有各种刀具，也称凿，有平凿、圆凿、翘头凿、蝴蝶凿、雕刀、三角凿6种，其中雕刀分为凿箍型、钻条型、圆刀型3种，圆刀型截面有正口、反口、中口3种。还有硬木槌、小斧头、雕花桌、磨刀石、锯、锉刀、砂纸、牵钻、钻头（两面单刀、两面双刀）等辅助用具。

二、泥工工具

泥水匠是民间对建筑工匠的一个通俗叫法，即懂得上砖放线的瓦匠。

泥水匠的工作主要有拆墙、砌墙、铺地坪、做防水层、贴墙地砖、盖瓦、做下水道等。在这些工作过程中，泥水匠所需要的工具主要有刀、铲、锤子、抹泥板、尺子、线圈、灰桶等（图4-24）。比起木匠走村串户要带一个大木箱盛放各种工具，泥水匠只需要带一个装几把刀、铲、锤、板、尺与线圈的灰桶就行。因为古代的大部分土建器具是农具，如搬运砖瓦沙石等材料使用的簸箕和缆绳、抬棍等，和泥掺沙的田刨（锄头）、铁扎(铁耙)等都是村民家中的自备工具,不需要泥水匠自带工具。

普通泥水匠的工具主要有以下几种。

图4-24　泥水匠工具

①砖刀:也叫瓦刀,用于摊铺砂浆、砍削砖块、打灰条。

②溜子:又叫灰匙、勾缝刀,一般用钢筋打扁制成,并装上木柄,通常用于清水墙勾缝。

③抹泥板:泥水匠最常用的一种工具,主要用于墙面清洁、石材抛光等。

④托灰板:主要用于抹墙时托灰,通常由柔韧性非常好的木板制成,不容易折断。

⑤摊灰尺:用不易变形的木材制成。操作时放在墙上作为控制灰缝及铺砂浆用。

⑥筛子:主要用于筛沙子。

⑦砖夹:泥瓦匠的运输工具,是一种夹砖的夹子,省力、防滑。

⑧灰槽、灰桶:装砂浆用。

⑨钢卷尺:用于测量轴线尺寸、位置及墙长、墙厚,还有门窗洞口的尺寸、留洞位置尺寸等。

⑩托线板:又称靠尺板,用于检查墙面垂直和平整度。

⑪线锤:吊挂垂直度,主要与托线板配合使用。一般为金属材料,呈圆锥形,吊线下坠,作为垂直度参照。现在也有用经纬仪等现代测量工具的,但在一些地方吊线坠还有着不可取代的作用。

⑫塞尺:是用于检验间隙的测量器具之一,横截面为直角三角形,在斜边上有刻度,可以直接读出缝的大小。塞尺与托线板配合使用,以测定墙、柱的垂直、平整度的偏差。

⑬水平尺:用于检查砌体与水平面的偏差。

⑭皮数杆：亦称"皮数尺"，是施工时控制层高、砌砖皮数和各构件安装标高等的工具。一般用断面为50毫米×50毫米的松木制作，长度要大于一个楼层高度，四面刨直刨光，上面画出楼层标高、构件位置及砖的皮数。

皮数杆一般都立在建筑物的转角或隔墙处。皮数杆钉好后要用水准仪检测，并用垂球校正皮数杆是否竖直。

要夯筑墙壁时，泥瓦工还要准备木夯（泥墙锤）、棒槌、桶版（泥版）、固定木卡、线锤、八角榔头、铁杷、筛子、铁锹、锄头、水瓢、水桶等工具（图4-25）。

图4-25 夯墙模具

三、漆工工具

赣南农村流传着"家有千棵棕、万棵桐，世世代代不受穷"的谚语，说的是家家户户都要准备好几件棕毛做的蓑衣以防外出劳作时淋雨，家家户户的房子、家具都要漆桐油以防虫蛀。因此，栽种棕树、桐树是发家致富的保障。赣南围屋看似装饰比较平淡，不像徽派建筑那样雕梁画栋，但赣南围屋的室内墙壁一般都会用水泥砂浆进行粉刷，梁、柱、木、窗都会刷上桐油或红漆。比较讲究的大户人家，还会请画师在粉刷与油漆过后的墙壁与梁、柱上题词作画。因此，赣南围屋的营造，对油漆工甚至画师的需求量还是比较大的。

油漆工因施工对象材质的不同，会使用不同的工具。主要工具不外乎以下几种。

1.刷具

专为髹漆器的刷子,分为大、中、小等,随需要而定。漆刷的种类很多,按刷毛可分为硬毛刷和软毛刷,硬毛刷多为猪鬃(或马鬃)制作;软毛刷多为羊毛制作,也有用狸毛、狼毛制作的。按漆刷的形状分为扁形刷、圆形刷、歪柄刷、排笔刷、扁形笔刷、板刷等。在涂刷各种油漆及各种不同物件时,漆工会采用不同形式和大小的刷具。

①猪毛刷:主要用于涂刷浓度高的油漆或稠胶水,比如白乳胶、调和漆等,优点是弹力好。

②羊毛刷:适合对墙面光滑度要求比较高的墙面施工,且在涂刷过程中不会留下痕迹。唯一的缺点就是羊毛刷容易掉毛。

③滚筒刷:施工现场应该经常见到滚筒刷,用来进行大面积涂刷,还能加长长度涂刷天花板等位置高的地方。

④排笔刷:常用于桐油的涂刷,虽然涂刷面积大,但油工师傅们更喜欢用羊毛刷代替排笔刷。

2.打磨材料

打磨材料包括铁砂皮、木砂纸、水磨石,用于磨光物面或对物面进行粗糙处理。

3.刀具

刀具(图4-26)有刮刀、油灰刀、铲刀之分。刮刀通常包括牛角刮刀、铁制刮刀、木制刮刀,可用于铲刮尘灰污垢、铲除木刺、刻V字槽、涂刮腻子等。

油灰刀属于刮刀的一种,可以帮油工师傅刮、铲、填等,主要是进行批刮腻子油灰。

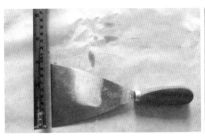

图4-26　刀具

4.灰匙

灰匙其实就是舀灰的小勺,分大号、小号、中号等,具体用什么型号,师傅们大多会视情况而定。刷墙时,灰匙用于舀浆、刮浆、批荡。

5.铁工工具

铁工工具用于金属部件的除锈,主要有除锈尖头锤、钢丝板刷、钢丝束等。

6.清洁工具

清洁工具包括水桶、抹布、回丝、棕刷、长柄干刷帚。

7.其他工具

其他工具主要有画线尺、腻子板、棉花团、竹花、铜丝筛等。

| 四、石匠工具 |

通常,石匠会有一个比较结实的木箱子,没有盖,但木板非常厚实。石匠的工具有大锤、二锤、钢钎、楔子、錾子、手锤、风箱,还有画线的钢尺和弹线用的墨斗,除了大锤、钢钎、风箱外,其他工具基本都会放在工具箱里。每件工具都有各自的用处(图4-27)。大锤和楔子都是开山用的。二锤是砸线用的。钢钎在撬石头时会用到,起杠杆作用,省力。錾子的用处较多,剖、削、镂、铲、磨都要用到它,依据用途不同,錾子的分类也不同,有长短錾,还有扁錾。磨这道工序一般都是用扁錾,錾子还有尖口和平口之分。

图4-27 石匠部分工具

五、瓦匠工具

千百年来,瓦是建土房的必需品,瓦匠也是一个很走俏的职业。瓦匠师傅的工具不多,一般就是一个转盘、一个桶瓦模具与一把专门用来切割坯泥的钢丝弓子。桶瓦模具有一点像老式木制水桶,是用多块木条镶起来的,只不过没有桶底(图4-28)。弓子选用的是弹性较好的小树做弓把,用细钢丝做弓弦。

图4-28 桶瓦模具

第三节
赣南围屋的建筑匠作与营造分工

中国传统建筑体系至唐宋时期已趋于成熟、稳定,设计与施工也达到高度标准化。至明清,官式建筑的形式、结构、构造、用工等方面都按照官方的要求形成了规制,宫廷建筑设计、施工和预算已由专业化的"样房"和"算房"承担,技艺更细分为大木作、装修作(门窗隔扇、小木作)、石作、瓦作、土作(土工)、搭材作(架子工、扎彩、棚匠)、铜铁作、油作(油漆)、画作(彩画)、裱糊作等,设计与建造都走向了专业化、制度化。民间的营造技艺流派众多,尤以北京、江苏、浙江、安徽、山西、福建及西南少数民族聚居区的营造技艺为代表,并形成苏州香山帮、徽州帮、浙江东阳帮、闽南帮等不同体系。

赣南地处赣、闽、粤、湘四省交界之处,尤其是中原通往岭南的交通大动脉经过赣南。因此,赣南围屋的营造技艺更多地表现为兼收并蓄,既受北方四合院建筑技艺的影响,也受徽州帮、浙江东阳帮、闽南帮等周边省份建筑营造技艺的影响。

按传统的行业内容,建筑从业工匠通常分为木匠、石匠、泥水匠、铁匠、漆匠、雕刻匠(木、石、砖三雕)、架子匠等,有时也有身兼数业者。传统建筑的营造行业是以木作和瓦作为主,集多工种于一体的行业。多工种的协调合作能有效提高工作效率,所以在建造过程中,各工种需相互配合,按流程施工。

传统工匠在长期营造活动中形成了一定的组织模式。赣南围屋由于以土建为主，所以在营建前期，一般由瓦作作头（泥水匠、主墨师傅）与东家（业主）商定建筑的等级、形制、样式，并控制建筑的总体尺寸。在营造过程中，一般以瓦作作头为主、木作作头为辅。他们作为整个工程施工的组织者和管理者，控制整个工程的进度和各工种间的配合工作。各个工种的师傅和工匠各司其职、紧密配合，保证工程有条不紊地进行。从开始的"定侧样"（结构剖面）、"制作丈杆"（专用标尺）到木作、石作、油漆彩画等完工，整个施工工艺流程由作头指挥管理，流程非常科学。

一、泥水匠

　　在围屋建筑营造过程中，首先是泥水匠介入，他们主要负责建筑定点放样、平基、定水平、安砥、砌墙、收山、封檐（图4-29）、阶基、天井、散水、开挖沟渠、内外墙粉刷、断白、勾线、壁画等。工程量最大的是各种墙体的砌筑，如围屋周边的围

图4-29　封檐

墙、厅堂的马头墙、居室的山墙等；其次是屋面施工中铺望砖、上瓦、做檐口、做屋脊等；第三是地面工程，例如方砖铺地，磨砖、对缝等工序，以及漏窗、砖雕门楼的雕刻与安装等细活。

｜ 二、大木作 ｜

在唐宋时期,将柱、梁、斗拱等屋架结构部分称为"大木",在赣南民居建筑中,则把以梁、柱、枋、檩、瓦桷等组成的承重结构构件的制作工艺称为"大木作"。

图4-30　大木作备料

大木作的构件制作与安装,一般都遵循以下工艺流程。

①备料与材料加工(图4-30):在施工前备料,准备大木构件所需木材。择吉日进山选材,大多采用杉木和松木。冬季采伐,堆放一年以上使木材自然干燥。

②择吉日开工,对材料初步加工:首先,在大木画线前,需先将荒料加工成规格材料;其次,需要准备丈杆,在大木制作前,需要先将重要信息,例如面阔、进深、柱高、出檐尺寸、榫卯位置等足尺刻画于丈杆上,然后按刻度进行大木制作。在大木安装时,也需要用丈杆来校核构件安装的位置是否正确。

③根据瓦作的进度,立柱、架梁、排檩、铺椽。

| 三、小木作 |

　　小木作主要是指门窗、栏杆、室内天花、藻井、壁龛等非结构部分的木作(图4-31)。明清时期,小木作被划分为外檐装修和内檐装修两大类。外檐装修指用以分隔室内外的门窗、栏杆、楣子、挂檐板的装修及室外装饰等。门有板门和隔扇门之分。窗的形式也是多种多样,明清时期的窗子有槛窗、支摘窗和杂锦窗等不同样式。槛窗又称隔扇窗,用于围屋内等级较高的厅堂建筑,窗心安置木作菱花,富有装饰意味。

图4-31　小木作

支摘窗多用于一般居室建筑中,特点是分为上下两段,上段可以支起以利通风,下段可以摘掉方便采光。杂锦窗主要用于园林的廊墙上,有五方、六方、八方、方胜、扇面、石榴、寿桃等样式,既连通廊墙两侧的景致,又起到装饰建筑的作用。

　　内檐装修包括划分内部空间的各类罩、隔扇、天花、护墙板、楼梯等,以及用于室内的屏风的装修,在用料、纹饰、做工等方面较之外檐装修更为讲究。罩是用于分隔室内空间的一种装饰,有一种似隔非隔的效果,因其做法样式不同而分为飞罩、落地罩、栏杆罩、几腿罩、床罩等,一般都施以繁复华丽的雕饰或纹样。博古架也起到分隔室内空间的作用,一般做成橱柜式样,以大小形状不一的木格组成形式活泼的图案,木格既可分隔空间,又可摆放古董。

小木作的外檐装修都要在瓦作施工前备好料并加工制作好，然后随瓦作与大木作的建筑进度进行施工。内檐装修，则可以在整个土建工程完成以后再施工。

四、油漆匠

油漆匠主要负责装修阶段的工作。主要工序有以下几步。

①上着色油或调色油（注：此工序仅限于有变色要求的工程，普通的工程都不需要）。

②刷清漆保护底漆（如果没有工序①的话，这就是第一道工序）。底漆一般使用面漆。

③清理木器表面灰尘和污物。

④用砂纸把板面或者木线条表面打光。

⑤刷第一遍漆。

⑥干透后用经过调配的色粉、熟胶粉、双飞粉调合成腻子，把诸如钉眼和树疤的瑕疵掩饰掉。

⑦干透后用细砂纸把色粉粗糙的部分打磨光，这一遍很关键，一定要把表面打光。

⑧刷第二遍漆。

⑨干透后打细砂纸磨光。

⑩刷第三遍漆。

五、石匠

石匠，作为一个传统的行业，历史悠久，从石器时代的简单打磨石头到现代石雕工艺和美学艺术的完美结合,都离不开一代代石匠们的默默奉献。石匠分为粗匠和细匠两类。粗匠是把山上的石头采切成大小长短不一的原料石,细匠一般是在山下,或磨,或雕,最终把石头打磨成为精美的产品或是艺术品。

石匠在围屋建筑工程中主要负责地基、台基、地坪以及石库门、石框窗的加工、安装等。他们开山采石,将荒料加工成材,做成柱础、石柱、门槛、门枕、门楣、台阶、栏杆、侧塘石、露台、井圈、贴面等多种多样的石材建筑构件(图4-32)。建筑构件一般都要在围屋建造前准备好。有些装修用的构件,则是在围屋建好后,根据装修需要再定制。

图4-32 工作中的石匠

六、铁匠和窑匠

这两种工匠大多各自开设独立作坊,以提供建筑构件。铁匠主要生产建筑构件以及各种建筑工具;窑匠也称"把火师傅",他们主要负责生产各种型号的青砖与小青瓦。砖雕工艺中的脊兽、鳌鱼等瓦饰制品也多出自窑匠之手。

这些传统民间手工工艺,大多已列入省级以上非物质文化遗产,需要进行抢救性的保护与传承。

第五章
赣南围屋的传统营造技艺

赣南围屋传统营造技艺既包括建筑物的屋架承重体系,如大木构件的建筑结构体系,也包括建筑基础、地面、墙体、楼板、瓦面等建筑围护体系,以及楼梯、台阶、栏杆、隔断、门、窗、炮眼等构件的制作加工与组合体系。赣南围屋经过几百年的风风雨雨还能够保存下来,一方面在于结构本身的稳定性,另一方面与地基基础的牢固性分不开。从规划选址到筑瓦栋、做出水共十几道程序,只有做到程序严谨、步步为营,围屋才能够数百年不倒。

赣南围屋营造技艺的流程一般要经过选址定位、开地基、打石脚、行墙、献架、出水、内外装修、给排水与周边环境整治等工序。

第一节
准备工作与基础技艺

赣南在营造围屋时,一般在动工之前,东家都需要筹谋计划好一些必要的准备工作,包括以下具体内容:选址定位、买地换地、择吉日、定工匠、画线、开基槽、打石脚、砌台基。

1.选址定位

选址定位是围屋营建的第一步。这项工作在当地叫"行地",就是带地理先生行走于乡野山间,去寻找风水宝地。自然生存环境良好与否、家庭经济实力雄厚与否、周边社会人文环境对自己及后代的影响大小以及古代风水观念都深深地影响宅基地的选择。这几大因素的共同作用最终决定着宅基地的选取。地理先生会用风水术择算房屋的位置与朝向。

2.买地换地

从明太祖朱元璋实行黄册制度起,土地私有制在明清时期是受到官府严格保护的。围村与空心围屋的营造,由于涉及全村的公众安全,要占用的土地由村民集体商定,一般个人或家庭都得服从集体,所以比较容易解决。而实心围屋则不一样,由于是由个人或家庭单独营造,要占用别人家的土地, 特别是那些田心围占用的是别人家的良田,要取得土地所有权就比较困难了。所以我们从围屋营造史料中可以看到,很多大型围屋如关西新围与东生围的建造,在解决土地所有权的问题上都是几经波折,并不是有钱就可以买到房基地的,要么建造者拿自家的更多土地去交换,要么很有耐心,想方设法去感化原地主,才能取得土地所有权。有的实在协调不下来,建造者只能建成不对称或不规则形的围屋。

3.择吉日

土地问题解决后, 就可以请地理先生挑选房屋动工的良辰吉日了。择吉日首先需要选择建造房屋的合适年份或季节,其次需要根据主人的生辰八字推算合适的日子。

4.定工匠

定好了动工的日子,就开始请主墨师傅。房主一般要遍访邻居或了解周边规模相差不大的房屋建设情况,边看边在心里评判这些已建房屋主墨师傅的技艺水平。如有符合自己心意的主墨师傅,便与其商谈有关房屋营建的基本问题,根据商谈结果来决定是否延请该师傅。

主墨师傅定好后, 一般就由其组建工匠队伍,一般队伍由五六人组成。主墨师傅是整个工匠团队的带头人,也是营造设计的主导者与筹谋者,负责设计和绘制房屋的主要构架尺寸,其他人都听他指挥。二墨师傅在其基础上绘制榫卯尺寸等细节部分,其他工序负责人如泥水匠及石匠等各司其职,分工明确,共同协助主墨师傅完成新房的策划设计与营建施工。

5.画线

主墨师傅按之前与东家商量确定的需要建造房屋的间数多少、大小,立棒开线,沿线画好石灰图。如有必要,还可以在正栋屋两侧对称加盖横屋。横屋与正屋间设门廊,巷道、天井相连,从而构成一座人们常说的所谓"九井十八厅"式大组合房。

6.开基槽

画好线后,就可以起符,破土开挖了。开地基一般采用沟槽形式,以墙宽的1.5~2倍定槽宽,深度是要开挖到老土(生土)为止。如土质十分疏松的话,那就要采取打桩或梯形砌筑的办法处理。打桩一般用直径10厘米以上的坚固耐腐的松木做桩,桩的平面布置是梅花形的,五个为一组。梯形砌筑是指土质疏松的地方最下面一层最宽,越往上越窄,铺至地面与墙同宽。

7.打石脚

开好地基后,就开始砌墙脚。赣南称砌墙脚为"打石脚"或"窨墙脚""起脚"(图5-1)。与北方常见的用青砖砌地基不同,赣南主要采用片石砌筑,用大小、形状不一的片石去堆砌,越下面的片石块头越大,再在上面铺石灰拌砂浆,目的是让沙石填满片石之间的空隙,增加基础垫层的密实度,也可以起到防潮的作用。

图5-1　开地基打石脚

8.砌台基

基础垫层铺设完毕后,开始砌筑台基部分。台基是建筑物的基础,包括墙基和柱基。根据建筑形式的不同,墙基采用不同的材料和做法。赣南围屋的外围墙基大多采用夯筑沙石三合土或砌红条石,也有砌鹅卵石的;围内房屋的墙基则砌青砖或鹅卵石。砌至室内地平线下约5寸,用条石作压面石,上皮与室内地面平齐。

在砌筑地基与台基时还需同步挖好天井内的排水暗沟。赣南人认为排水"宜曲折如生蛇样,出去便佳"。水不能直流,如直流为"水破天心",水不能横过,如横过,亦为"水破天心";水不宜"八"字分流,为"散财耗气";水不宜从门下穿出,如从门下穿出,则主财散贫穷;水不能从门下斜出或直出而不曲者,名"抱抢煞"主凶;水忌穿房,一穿房,则此屋难住;也忌穿厅梁正中及门下进出,则虚耗水穿大门,则更凶。所以在砌筑地基时,营造师傅要根据地理先生定下的流水走向砌筑好排水暗沟。暗沟一般是用青砖砌筑,三合土勾缝,宽约一砖长,深30~50厘米。室外天井、明堂四周的散水明沟一般采用条石或青砖铺设。

动土平基后,围屋若是用石质门框则同步砌筑,如是木质门框则可后做。石质门框主要包括踏步、门踏底、两根方石柱等构件。石构件应保持表面洁净,不得留有灰迹、污痕。石料的表面不能有裂纹、残边及水线等缺陷。各种石构件的安装应按设计位置与尺寸安放平整、灌浆严实、勾缝均匀,细石料安装时要用桐油灰抹缝、旧锅铁砌实。

第二节
门窗与枪眼建造技艺

在打好石脚、砌好台基之后，围屋的房间布局与厅堂、居室的大小就已经定形。此时，围屋的主人开始去请木匠或石匠来准备各间房屋的门窗、梁架、瓦椽瓦桷等木料或石料。这个准备过程往往要费时一年半载，甚至十几年。我们从史料中往往可以看到，一座围屋从打地基到建好要费时多年。因此，基础处理只是万里长征走了第一步，甚至可以说只是占好了地盘，并没有开始正式营建。

在赣南，民居的正式营建是从安大门开始的，正所谓"安门立户"。这个大门是中轴线上祖厅的正门，正门安装上去后，再把边门安装好，才开始竖柱与砌墙。

| 一、门 |

赣南围屋的内外门，一般都是双开（正门）或单开（侧门、内门）的实榻或穿带式板门，较粗犷，只求结实、安全。但若为富贵人家住所或祠堂建筑，毕竟门是主人的脸面所在，正门一般都有所装饰，如雕饰牌楼式门头、门面，精制门廊、门簪、月梁，设置抱鼓石等，或者贴"门联""门榜"（图5-2）。"门榜"特别流行于赣南原南安府所属县区，如上犹、南康、崇义等县。在大门的匾额上，大多书有昭示其姓氏家族的渊源郡望地或显示其为高贵门第、先贤能人之后的题名。如张姓便书"清河世泽"、黄姓书"江夏渊源"、孔姓书"尼山流芳"、曾姓书"三省传家"、刘姓书"校书世第"，还有书"大夫第""司马第"等内容的。它与"堂号"的区别是："门榜"标榜于外（大门门额上），"堂号"彰显于内（悬挂于厅堂之上）。

图5-2　围屋大门的"门榜"

赣南围屋的对外大门，除个别大围屋外，一般只有一个。大门是防御性民居的薄弱环节，故在加强门的防御设计上，主人可谓费尽心机。首先，大门的位置一般设在近墙角处，这既有利于将其纳入炮楼的监护之下，还有利于一旦大门被攻破，主人尚可在外敌通往围内一道道巷门窄路进入主体建筑的途中对其进行阻击；其次，门墙特别加厚，门框皆为巨石制成，许多门框上还有横竖栅栏杆，俗称"门插"，以防大白

119

天遭不测。厚实的板门上包钉铁皮,后有粗大的门杠,板门后大多还设有一道闸门,闸门后还有一重便门。为防火攻,大多围屋在门顶上还设有水漏。

围内的房门或巷门则与普通民居的门差别不大。一般正堂的门是双开两扇木门,左右偏室的门是单扇木门。

二、窗

包括围屋在内的赣南民居主要是内采光,外开窗较少,即使开也是很谨慎,开得又小又结实,窗棂密且粗,基本为直棂窗(图5-3)。砖墙外窗往往是一些预制的小石窗或砖构窗,窗棂有汉文(图5-4)、花格、花格加动植物纹等漏窗花式。多进式民居厅堂朝天井的窗和格扇门,一般都制作有较精美的木质花窗,格心多为一码三箭、冰裂纹、灯笼框、方格条花心等(图5-5),高级的也有用雕花棂、绦环板上雕人物故

图5-3 明远第围的石窗窗棂

图5-4 上新围的"万福寿禄"石窗窗棂

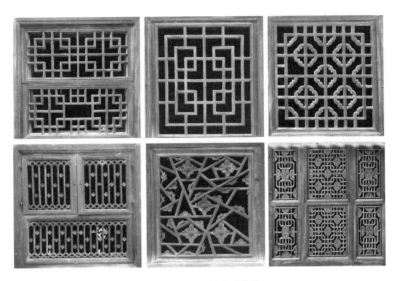

图5-5 关西围的木质花窗

事或吉祥动植物等,富贵人家还髹漆描金。

石城陈联围的设计十分巧妙,建造者匠心独具地融中原府第式、苏州园林式和客家天井式建筑风格于一体。其中,窗户的设计最能体现这一特点。在围屋的各条巷道上大家都能看见保存完好的、用石材砌出的大小窗户,且每扇窗户的花样都不同。窗棂雕刻精细,有十余种不同的花格窗。

三、花窗式枪眼

赣南围屋的外立面,底层一般不开窗,在二层或顶层常见一些小型花窗,用于通风透气。这种花窗因为体量小,且内大外小,往往被认为是铳眼或内大外小的枪眼或瞭望孔。其实,从其常见造型葫芦形、十字梅花形等吉祥图案来分析,这些窗户显然被称为花窗更合适(图5-6)。这种小型花窗,不仅围屋民居上有,在赣南其他类型民居上

121

图5-6　各种花窗式枪眼

同样可以见到,只是因为其他类型民居由于房屋更矮小,没有围屋民居高大,所以花窗的数量较少,不成景观,较少受到人们关注而已。

<h1 style="text-align:center">第三节
墙体建造技艺</h1>

墙,又称垣、壁,是建筑的组成要素之一。中国大部分地方的传统建筑,主要是由柱梁组成的木结构承重,墙并不是承重结构,只起到围护、防寒、空间隔断等作用,因此才会有"墙倒屋不倒"之说。又因墙与屋柱往往分离,可以防火和防止屋柱受潮,边缝的山柱有一半露明,另一半包在墙内,但在墙内留出透风砖,使木柱能够透风,故俗话又说"世上没有不透风的墙"。

与赣北、赣中不同的是,赣南围屋民居的墙体大都属承重墙,木楼、瓦顶的重量通过横梁主要压在墙体上。因此,赣南围屋的营建,建墙体是一项大工程,工作量超过木构架。

赣南围屋的墙体类型很多。按部位和功能区分，可分为院墙、檐墙、山墙、隔断墙等。其中，院墙可分为围墙、女儿墙、照墙、照壁等。

　　赣南围屋的院墙，因围屋的类型不同，其长度、厚度及高度也不一样。不规则形的围村，一般四周全用围墙围护；而实心围屋，四周只有四分之一用围墙围护，其他四分之三的围墙被用作外围护屋的墙体，既是围墙又是屋墙，变成围屋；"口"字形空心围屋则根本没有围墙，四面全是围屋。

　　檐墙是指在檐柱间的墙体，分为前檐墙和后檐墙。赣南围屋的檐墙檐口基本上都是平直的，没有山尖形。前檐墙即前门墙，为了顾及门面，一般都是砖墙，在一些厅堂建筑中，前檐墙还常用木屏门，甚至隔扇门隔断；后檐墙俗称后壁，即封护檐墙，常用土墙。

　　山墙是指建筑物两侧的横向外墙，呈山尖形，主要用以与邻居的住宅隔开和防火，所以往往又称为"封火墙"或"马头墙"。其形式最流行的是三段式，即所谓"五岳朝天"式（图5-7），每段均朝两端翘起，形成一段段弯月式弧线。许多人往往把有马头墙的民居误认为是徽州民居，其实是有区别的。徽州民居的马头墙往往是不对称

图5-7 "五岳朝天"式山墙

的四面围合设置，形成四水归堂（肥水不外流）形式，檐口一般是平直的；而赣南民居基本上是取左右对称形式，几乎没有在前、后墙上设封火墙。晚清时期受岭南民居的影响，赣南民居中又出现一种"弓背"（也称"观音兜"）式山墙（图5-8），也是左右对称布设，非常好看。防火山墙檐口处理主要是叠涩出挑，檐口下大多饰有一条白灰带，其中用墨线或蓝线装饰或绘画。此外，在上犹、定南等县民居的山墙面，流行"悬山

123

出际"的做法,即将山墙的前后檐口通过一道披檐贯穿起来,既利于保护土质山墙免遭雨淋,也是一种檐口装饰。

图5-8 "弓背"式山墙

赣南围屋中的隔断墙一般仅见于"国"字形围屋的巷道隔断,一般用砖砌成花窗墙,既能起到隔断的作用,又能起到通风透光的作用(图5-9)。

从用材来区分,赣南围屋的墙体可分为土墙、砖墙、石墙、木墙,在"三南"地区各有侧重。龙南市的围屋各种材料均有,但以砖、石墙为主;定南县以夯土墙围屋为特色;全南县则是清一色的鹅卵石墙围屋。另外,赣南围屋中,同一堵墙体常常会出现几种材质的墙体结合,如有的是下面夯土墙、上面青砖墙,有的下面是石墙、上面是夯土墙或青砖墙。不管

图5-9 花窗隔断墙

砌筑何种墙体,都要把握住墙体的中心,通过拉线、吊线、弹墨检查水平度和垂直度。

一、土墙

赣南围屋墙体主要为土墙。土墙可分为三合土墙、夯土墙、土坯砖

墙。三种土墙中以三合土墙最为坚固耐用,档次也属最高,主要用于一些强调防御功能的外围护墙。夯土墙主要盛行于赣南的南部地区和章江水系,如定南、全南县围屋大多用生土夯筑墙体。土坯砖墙一般用于围屋的后檐墙或厨房、蓄圈、柴房等附属房。土墙为了防水和好看、好用,一般内外皆粉刷泥灰。

1.三合土墙

这是一种用三合土版筑而成的墙。三合土版筑墙,主要用于围屋等重要建筑的基部,是赣南工匠在原三合土筑墙技术基础上,结合南方地区多雨潮湿气候的再创造成果,是赣南围屋民居建筑最突出、最有代表性的建筑技术。夯土墙上下层必须交错夯筑,以确保墙体的整体性。为防止土匪用火攻,外墙上看不见一丝木材,其木梁外露的一端用"马铁钉"固定,是真正的铜墙铁壁。

龙南市关西新围的外墙高近10米,历经13年夯筑而成,固若金汤,且墙体平整光滑(图5-10)。因规模宏大,筑一版土墙需花费一年时间。

图5-10 三合土墙(关西新围)

2.夯土墙

赣南俗称"干打垒",即选用一般的黏土版筑而成的墙。夯土墙主要见于边远地区或下层社会的民居建筑。它的主要建筑材料是没有杂质的细净红土,再按一定的比例掺以细河沙、水田底层的淤泥和年代久远的老墙泥(图5-11)。

3.土坯砖墙

土坯砖在赣南俗称
"土砖"，是一种经人为加
工但未经焙烧的生土砖。
它是一种最经济的砖，只
要有劳力，穷苦人家都能
生产。赣南的土砖是属于
模制成形的，即选用不含

图5-11　夯土墙

砂石的黏土，用足量的水将土拌成泥，再和入一定比例的稻草（做筋骨
之用），发酵半个月左右，填入模中踩实，脱模晒干即成土砖。制作土砖
既要防水又要防冻，遇到下雨土砖就会被冲蚀，如是霜冻期，土砖变脆
会碎掉。赣南的土砖，主要有两种规格，一种是长约30厘米、宽约20厘
米、厚约14厘米，重12.5~15千克的"大土砖"；另一种是"小土砖"，其厚
度与重量相当于大土砖的一半。

二、青砖墙

青砖墙是四种墙体中最贵重的，在赣南民居中数量仅次于土墙。
赣南大部分民居都会局部使用青砖，如在大门外立面、正厅内立面、山
墙面、墙裙等部位，但除祠堂外，纯青砖墙的房屋在赣南民居中并不多
见。此外，其外立面做法皆为"清水墙"，露出青砖本色。因此，赣南民居
的外观特征是"青砖灰瓦"，与徽州民居的"粉墙黛瓦"不同。

砖墙的砌法宜采用一铲灰、一块砖、一挤揉的"三一"砌砖法，或采
用铺浆法（包括挤浆法和靠浆法）。砖要砌得横平竖直，灰浆饱满，做到
"上跟线，下跟棱，左右相邻要对平"。采用铺浆法砌筑时，铺浆长度不

得超过5厘米。用吊线检查墙面垂直度和平整度，随时纠正偏差，严禁事后凿墙。砖墙垒砌方法常见有平砖顺砌、平砖丁砌、侧砖丁砌、三顺丁、二顺一丁或一顺一丁等，采用错缝砌法，使用石灰砂浆铺摊与勾缝。

三、石墙

　　赣南围屋中石墙是一种比较常见的墙体，常见石材是麻条石和鹅卵石，如龙南龙光围就是全麻条石外墙的围屋。采用大块石料，砌筑形式有全顺、丁顺叠砌、丁顺组砌等方式，砌筑时，上下皮错缝搭接；砌体转角交接处，石块相互搭接。料石采用"铺浆法"砌筑，铺浆厚度2厘米左右，垂直缝填满砂浆并插捣至溢出为止。灰缝厚度为1~2厘米。石墙勾缝应保持砌合的自然缝，一般采用平缝或凸缝。勾缝前应先剔缝，将灰浆刮深2厘米，墙面用水湿润，再用石灰泥浆勾缝。缝条应均匀一致，深浅相同，十字、丁字形搭接处应平整通顺。

　　"三南"（龙南、定南、全南）还特别流行用鹅卵石砌筑围屋外墙。鹅卵石在"三南"可谓运用到了极致。这些大小不一、既圆又滑的顽石，在工匠精湛的技艺下，个个都乖巧地立起来了。鹅卵石墙的砌筑采用"铺浆法"。用较大的平毛石，先砌转角处、交接处和门洞处，再向中间砌筑。砌筑时，石块上下应互相错缝，内外交错搭砌，避免出现重缝、平缝、空缝和孔洞，同时应注意合理摆放石块，不应出现刀口型、劈合型、桥型、马槽型、夹心型、对合型、分层型等类型砌石，以免砌体承重后发生错位，出现劈裂、外鼓等现象。

四、金包银墙

赣南围屋的墙体较为特别,其厚度均在60~160厘米。如果全用砖石砌筑,成本太高,也没有必要。因此,为节省优质建材,大多是外表(厚约40厘米)用砖石,内体用土坯或生土夯筑,俗称金包银墙(图5-12)。典型代表如燕翼围,外墙厚达1.6米,外皮为条石和青砖,厚50厘米,内皮为土坯砖。乌石围的外围墙体也是采用金包银的砌法,墙体外壁用河卵石或片石砌筑,内壁用土坯砖垒砌。

五、墙面抹灰

墙面抹灰是墙体建造的最后一道工序,俗称粉壁、抹纸筋。赣南围屋土坯砖墙一般都会抹灰(图5-13)。抹灰的主要工具是木趟子和铁趟子。木趟子表面粗糙,用于上白灰,抹的是粗面。抹光面是在白灰中加纸筋再用铁趟子反复抹光。抹灰前把墙面润湿,白灰中加纸筋可以避免灰面开裂。

图5-12 金包银墙

图5-13 墙面抹灰

第四节
木架构建筑技艺

　　如前所述,赣南民居的架构承重,基本上都是由墙体来承担的。这样做可以节省大量的木料,并减少雕刻、油漆及维护工本等。其实赣南客家人居住的地方,在古代都盛产木材,大多数"国"字形豪华围屋的主人都是做木材生意致富的。但客家民居中对木料的使用并不多,木材应用节俭、工艺简朴,这印证了一句俗话"卖菜婆婆吃黄叶"。

　　在全国流行的"穿斗式"和"抬梁式"这两种主流木架构形式,在赣南只在局部使用。前者是以立柱承重,墙体只是起围护作用,属于"墙倒屋不倒"的民居,在赣南主要见于一些多元文化汇聚的中心城区或交通发达、受赣中平原文化影响大的村镇中。后者主要见于祠堂建筑中,因建筑集体公共所有,功能要求有大空间,势必要求木架构有大的跨度,于是迫使其使用费木料的"抬梁式"架构。即使如此,很多赣南祠堂建筑中,为节省柱料,两侧山墙还是承重,只是堂中两根梁为"抬梁"(图5-14)。

　　赣南围屋使用木架构最有特色的地方表现在二

图5-14　抬梁木架构(关西新围中厅)

三楼的内檐下设有悬挑的环形通廊,俗称"外走马",又称"走马楼",意为在这个四周都有走廊可通行的楼屋内,人骑马都可以在里面畅行无阻。走马楼是南方民居建筑中一种特有的建筑形式,脱胎于干栏式的吊脚楼,主要是为了防雨、防潮,便于居住在楼上的主人晒到太阳,又扩大了楼上居室的空间。当然,很多人认为这是为了防御的需要,便于围内人员四处运动,随时向受敌的一面投送抵抗力量。这种环形走马楼廊,在"口"字形或圆形围屋中最常见,如龙南杨村的燕翼围(图5-15)。

图5-15 走马楼(燕翼围)

第五节
屋面与檐口建造技艺

赣南围屋的屋面基本是盖小青瓦。屋面铺设小青瓦的操作工艺流程:铺瓦准备工作→基层检查→上瓦、堆放→铺筑屋脊瓦→铺檐口瓦、屋面瓦→粉山墙、披水线→检查、清理。一般在房子两边的主墙砌起四五米高后,再往上呈现出的便是三角形布局。三角形墙的顶端是屋脊,中间有大梁。从屋脊向两边的墙垛上,呈阶梯状摊上一些圆形的去了皮的檩子。檩子之间铺上片状椽子,再在椽子之上盖瓦。盖瓦是一项细

图5-16 盖瓦

致活,由几个人分工协作,一人递瓦,一人整饬椽子,一人铺盖(图5-16)。青瓦片依着椽子的方向被整齐地铺开,层层叠着,一片扣着一片,密密匝匝。底下的一层面儿朝上,上面的一层面儿朝下,倚脊靠背,错落有致。为了增加屋子里的光线,小青瓦之间还常盖有几片玻璃瓦。

檐口及其挑檐是民居最易损坏之处和主要装饰点之一。赣南围屋主要是悬山顶,因此前后都会有挑枋、挑梁出檐,于是便产生了单挑、双挑和多挑形式的挑枋装饰,高级的便使用雕花斗拱。檐口的工艺一般是叠瓦压边,讲究的(如祖堂)则多做滴水、瓦当。

第六节
地面铺装技艺

地面铺装,从建筑工序来说属于后期的装修工程。但万丈高楼平地起,这节先说地面铺装技艺。

赣南围屋的地面铺装,主要有青砖墁地、条石墁地、鹅卵石墁地与三合土墁地四种。条石与鹅卵石由于防水性能好,主要用于室外门坪与宅内庭院,以及天井、檐阶的铺装,青砖与三合土则主要见于室内地面的铺装。另外,我们发现,"国"字形等实心围屋,由于建筑比较豪华,室内常见石板与青砖铺地,甚至少数居室内会有木质地板铺地;而"口"字形等空心围屋,室内常用鹅卵石与三合土或素土铺地。至于不规则形的村围,村中心的宗祠是最高大、豪华的建筑,会有青砖铺地;一般村民家中的居室则主要用素土夯实铺地。

铺设方法都是采用倒退法,从里铺到外。地面铺装的主要工具:泥刀、榔头、吊线、卷尺、木趟子、铁趟子、灰桶、铁锹等。

1.青砖墁地

青砖墁地大部分是使用30厘米×30厘米的青砖,一般是采用错缝平铺、糙墁地面法。

第一步:平整地面。通过全面架线检查地面的平整度,凹处填平,凸处铲平,最终将地面平整夯实。第二步:弹线。根据设计高度,墨斗在四周墙上弹线标记,如果在室外就要钉木板弹线做标记,以控制地面高低。第三步:架线。在最里面墙角处先铺一块砖,把线放在砖上用一块砖压住,然后以此拉线到另一端铺一块砖使线保持水平。第四步:铺设。先铺一层石灰砂,不要抹得太平。接着放砖,然后垫上木枋用榔头锤实至与架线齐平。锤打时垫上木枋增加砖的受力面积,避免砖裂开。如此重复架线铺灰墁砖至铺满,注意砖缝要错开。第五步:守缝子。墁完地面及时将白灰扫进砖缝内,砖缝要守严,地面要扫净。

2.条石墁地

条石是比较贵重的建材,因此一般只用于围屋大门或内院厅堂门前坪等明显之处的室外墁地。条石一般宽30厘米×120厘米,采用错缝平铺。赣南围屋的墁地条石,主要是麻条石(花岗岩)与红条石(红砂岩)。"国"字形实心围通常住的是大户人家,家财比较富足,常用麻条石。如龙南市的关西新围,在门前坪就用麻条石铺有一条较宽的道路,

图5-17　麻条石铺地（关西新围）

与道路两侧的青砖铺地形成对比（图5-17）。

值得一提的是，赣南的红砂岩条石运用颇有影响。红砂岩石，俗称"红条石"，因自两宋以来就广为使用，其流行区域北到吉安、抚州南部，南及整个赣南地区。又因"红条石"较早、较大的原产地在兴国，故俗称"兴国红"。在赣南围屋中，"红条石"广见于室外铺地、阶沿、踏步、天井等；当然，更多见于预制的门窗、门槛、抱鼓石、石狮、牌坊等。

3.鹅卵石墁地

在江西省龙南、定南、全南"三南"大部分围屋的室外地面，包括天井中，都可以看到大片的鹅卵石铺地（图5-18）。这些拳头大小的光滑石头，看似没有形状，在泥水师傅的摆弄下，却似珍珠般地发出光亮，不但平整，有时还可以铺出各种图案来（图5-19）。

图5-18　鹅卵石铺地　　　　　　图5-19　鹅卵石八卦纹铺地

4.三合土墁地

此技艺常用于围屋室内。铺设技艺:在平整好的地基上,虚铺一层拌好的三合土,厚度不能超过15厘米,然后垫上木枋用榔头捶打夯紧。打三合土的关键是不能一上来就使劲打,而要循序渐进,先轻轻敲打,随着土层逐渐坚实,逐渐加大力度。因此是比较费时间和人力的,现在已经很少有人用这种方法了。

第七节
给排水与周边环境建筑技艺

在传统建筑中,如何合理运用给排水系统是建筑要解决的重要问题。赣南围屋是一类特殊的围合式建筑,规模较大,外墙封闭,居住人口众多,给排水得到合理解决,围内才能长治久安。一般来说,供水靠几口井就能解决。给排水系统设计比较周全的燕翼围,在供水方面也有独特设计。燕翼围禾坪上原有两口暗井,一口为水井,另一口为旱井,并内贮大量木炭和薯粉,平时饮用围门外的井水,遇警或遇围困时,便启用这两口井,以确保围内水、火、粮的供应。

赣南围屋排水系统是非常复杂的。围屋的排水首先依靠地势。在围屋设计建造时,前厅建筑会比中厅建筑至少要低一个小踏步的高度,即45厘米,中厅要比后厅低至少一个小踏步的高度。赣南围屋的排水系统由三部分组成:汇集雨水及生活用水的天井、引导排水的明沟或暗沟、围外的池塘。

天井:赣南围屋的天井是空间组织的中心,主要用于采光、通风和排除屋面雨水。天井多为长方形空间,可分为"土形"和"水形"两种形式,底部皆设有暗沟来排泄室内的雨水和污水。普通民居的天井(图5-20)多用河卵石或青砖砌筑,高级的则基本上用条石打制,做工精细。

图5-20 天井(虎形围)

天井理水在传统民居设计中总是很受重视。赣南一带住宅向来就有"四水归堂""五岳朝天"之说。所谓四水归堂,堂就是指天井,这是说正屋与两厢屋的下泄雨水都排注到院子的水池里面去。怎样才能使雨水汇聚天井?这就要在瓦面设计和地面的铺设上下功夫。赣南围屋的屋顶多采用高屋脊、大坡度的设计,靠近屋脊两侧的坡度超过60°,而檐部的坡度不足30°,利用陡坡使水急下,水再因惯性冲出檐外。筑瓦檐就是做瓦头滴水,俗称"做出水"。做出水好的重要指标就是无论是下大雨还是下小雨,雨水都能落在水沟里。营造师傅总结出一条规律:"勾三射七。"即下小雨时雨水往屋檐下飘不会超过三寸,下大雨时雨水往外抛射不会超过七寸。所以水沟宽不会大于一尺。做出水时根据这一规律通过架线确定出檐尺寸。在阶檐的地面铺设上也应充分考虑排水功能。阶檐一般采用青砖或鹅卵石铺设,大块麻石护边。在铺设时要架线测量,做到阶檐边要比墙脚边低1~2厘米,每行砖缝要错开,不能在同一直线上。

引导排水的明沟与暗沟:在关西围调查时,当我们问围屋居民下大雨时围内会不会有很多积水时,他们都会给我们描述一个现象:大雨一停,围内的地面就干了,从来不会有过多的积水。他们的围屋具有明暗两层水沟,排水功能非常好。排水沟根据围屋的布局和地形特点,采取明沟与暗沟结合使用的方法。明沟是靠近散水设置的排水沟,作为外露的排水构件,高效直接地将屋面瓦流下的大量雨水直接汇集并使其流入暗沟内,再经支线汇入干线,总汇于周边河渠。暗沟入水处设有铜钱样或窗式样石材滤水孔,以防垃圾堵塞(图5-21)。利用暗沟既可以有效排水,还能美化环境,避免了地势较低处明沟过深造成的不美观、不安全。

图5-21　天井暗沟(明远第围)

池塘:赣南的实心围屋门前一般都会设有池塘。在风水学上认为池塘"得水为上""养水蓄财""前塘后坡"等,在排水上也有非常重要的作用(图5-22)。围内的污水经过明沟暗涵最后注入池塘。围屋

图5-22　围屋池塘(关西新围)

前的池塘,既可用于容纳围屋内天井排出的水,又可用于储水浇地、消防备用、抗旱和养殖鱼虾,一举多得。

除此之外,围内露天地面均采用鹅卵石、麻条石、青砖铺设而成,取材方便,散水功能好。一方面可以防止围内道路积水,另一方面也利于保护路面,防止路面泥土流失。

第六章
赣南围屋的
传统装修技艺

围屋民居,选址时就注意远离人口密集的集镇甚至老村,外表一般没什么装饰,唯以其巨大的体量和冷峻的外观给人一种威严感。赣南围屋的装修主要表现在门楼与中轴线上的厅堂中,其他居室房舍,不过土墙青瓦楼房而已。走进围内,只见房屋一排排整齐排列,给人一种深邃感。

　　不同类型的赣南围屋,其装修程度相差很大。围村与空心围屋,功能偏重防御,属于堡寨类民居,除了围村内一两栋宗祠与几栋富贵人家的府第有装修外,大多数宅第没什么装修;但实心围屋不一样,它是富贵人家经过事先规划设计营造的,功能偏重居住,主人家有审美与展示自家社会身份的追求。因此,实心围屋的建造者会在内部装饰上尽其资财之所及、毕其工艺之所能,力求精美。

　　围内装饰主要体现在祖厅等公共建筑上,有雕刻(分木、石、砖、灰雕,但量均不大)、彩画、墨画、油饰等。赣南围屋的梁架、门窗等主要以木雕为主,一些墙壁装饰则常为砖雕,一些柱础、门窗喜用石雕。此外,在屋脊、墙头等处也会用上一些灰塑。这"三雕一塑"均有使用。此外,晚清以后,受西洋装修之风影响,彩绘装饰也在天花、墙面上有所展现。

　　装饰部位重点在外门楼与围内中心厅堂。"石雕的狮子四方的围,彩雕的门楼宽敞的围",说的就是赣南围屋特别注重门楼的装饰,而且常在大门口放置一对狮子与抱鼓石来装点门面。在厅堂内部特别是天井四周的檐柱、梁枋、天花、隔扇、花窗等处,也极尽装修之能事。门、窗、梁架、雀替等装饰多以对称的结构向左右两边延展,对称中讲究变化,严谨而不呆板,形成多变又有规律的装饰构图。采用浮雕、镂雕等比较写实又富有装饰变化的手法,既表现出匠人高超的建筑水平,又具有浓郁的地方文化韵味。

第一节
木雕技艺

　　赣南围屋的木雕装饰艺术,主要应用于围内建筑,尤其是祖厅。因为祖厅档次的高低往往代表着围屋主人社会地位的高低。因此,主人往往在祖厅内部特别是天井四周的檐柱、梁枋、额枋、驼峰、斗拱、雀替、天花、隔扇、花窗等处,极尽装修之能事。

　　从其装饰所表现的内容来看,工匠常采用谐音、寓意、象征的手法,以神话传说、良禽瑞兽、寓意丰富的植物、受人尊敬的人物等为题材,刻画出一幅幅精美的吉祥木雕装饰作品。牡丹象征富贵,蝙蝠象征多福,石榴象征多子,花瓶象征平安,桃子象征长寿,鱼象征年年有余,佛手象征吉祥等。木雕的题材和内容既具有世俗审美趣味,又充分表达了赣南人民对美好生活和理想家园的追求等。如龙南市西昌围的立孝公堂中有14块绦环板的木雕是根据《三字经》上的典故雕刻出来的,寓意深刻,雕刻的梅、兰、竹、菊、渔、樵、耕、读等图案(图6-1),栩栩如

图6-1　木雕"渔樵耕读"等图案的绦环板(西昌围)

生,它们是围屋民居建筑木雕中的精品。

以下是赣南围屋的主要装饰部位。

1.格扇门

围屋内的祖厅与花厅、厅堂在朝天井的外面,有些富贵人家会用落地的木质格扇门代替墙体进行隔断,以增加厅堂内的采光。在这些落地格扇门上常可见到各种精美的木雕装饰。如安远县东生围朝厅堂开设的格扇门,均为雕花镂板,表面抹金色,内容多为人物故事、珍禽祥兽等(图6-2)。

2.窗户

在赣南围屋的一些厅堂或厢房里,我们可以看到整面墙上都是花格木窗,浮雕或镂雕图案中的人物、瑞兽、花鸟栩栩如生,刀工细腻、工艺上乘。围内的窗棂有豆腐块斜方格、一码三箭、井口字、回字等横竖棂,有拐纹棂,有波浪状的水纹棂,还有雕有祥兽花草的雕花棂,变化多端、花样繁多。如龙南市关西新围祖厅中的下厅及厢房中,都有雕刻精美图案的花格木窗(图6-3)。

图6-2 雕花格扇门(东生围)

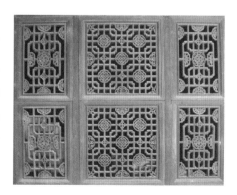

图6-3 雕刻图案的花格木窗(关西新围)

3.天花板

天花板是一座建筑物室内顶部表面的地方。赣南围屋等传统民居的厅堂多以木板为天花板的主要材料,在显要的位置会做个藻井,在

图6-4 鸳鸯厅藻井内的木雕

藻井内用雕刻或彩绘图案进行装饰。如龙南市正桂村鸳鸯厅大伦祖祠门廊上的藻井,上面雕刻有双龙戏珠、丹凤朝阳、事事如意等吉祥图案,美轮美奂(图6-4)。

4.梁架

围村的宗祠与实心围屋的祖厅由于是公共建筑,比较宽敞、高大,也有一些类似赣北、赣中地区宗祠内常见的带斗拱的木制轩廊与梁架。在这些轩廊与梁架上,经常可以见到比较精美的木雕。如龙南市栗园围纪缙祖祠石柱上的木斗拱及其梁架上都有精美的木雕(图6-5);在大门横梁正中是一幅精致的漆金木雕图案,右上角刻有一只蝙蝠和一株牡丹,左下角有一只小鹿和一棵松树,中间是一位头戴官帽的官员手牵一个小孩,将百姓企望拥有的"福、禄、寿"镌刻其间(图6-6)。

图6-5 雕刻精美的斗拱与梁架(栗园围)

图6-6 人物木雕(栗园围)

除门、窗、天花板与梁架上会有精美木雕外,赣南围屋祖厅中安放列祖列宗牌位的神龛及悬挂在正中的堂匾上也会有精美的木雕。如龙南市杨太围祠堂中厅太师壁前面的神龛,其上额及左右共镶有漆金镂空精雕画屏五块,正面镶有木刻浮雕五块。在上厅还有鎏金阳刻板联一对,厅内中柱顶端镶嵌的精雕龙头等是具有明清艺术风格的艺术珍品(图6-7)。

图6-7 鎏金木雕神龛(杨太围)

第二节
砖雕技艺

砖雕是赣南围屋装修的一大特色。砖雕大多作为建筑构件或大门、照壁、墙面的装饰。由于青砖在选料、成形、烧成等工序上质量要求较严,所以用于砖雕的青砖坚实而细腻,适宜雕刻。青砖以外的砖材由于材质关系,可雕出的层面不多。

赣南围屋的砖雕从实用和观赏的角度出发,形象简练、风格浑厚,不盲目追求精巧,以保持建筑构件的坚固,能经受日晒和雨淋。

砖雕通常保留砖的本色,不另行染色,但也有少量砖雕会做彩绘处理。因此雕花匠需要刻出多个层面,利用光照产生的阴影加强艺术效果。明清是砖雕发展的高峰,匠师可以在厚度不及寸的方砖上透雕9个层面。在艺术价值上,砖雕远近均可观赏,视觉效果较好。

在题材上,砖雕以龙凤呈祥、和合二仙、刘海戏金蟾、三阳开泰、郭子仪做寿、麒麟送子、狮子滚绣球、松柏、兰花、竹、山茶、菊花、荷花、鲤鱼、文字"福禄寿喜"等寓意吉祥和人们所喜闻乐见的内容为主,所谓"建筑必有图,有图必有意,有意必吉祥"。凝聚蕴涵着中国古老文化深厚积淀的砖雕,不仅养眼,而且养"心"(图6-8)。

图6-8　门罩砖雕

第三节
石雕技艺

可以说,人类包罗万象的艺术门类中,石雕是最古老的艺术门类之一。

石雕的历史可以追溯到一二十万年前的旧石器时代中期。从那时候起,石雕便一直沿传至今。在这漫长的历史中,石雕艺术的创作也在不断地更新。

赣南围屋中的石雕主要运用在门楼与祖厅等主体建筑的门顶石、门枕石、石窗、石柱、柱础等部位,围屋内外设置的石狮、抱鼓石中。

　　门顶石是正门上方门框上部的横梁,类似木门的门楣。古代按照建制,只有朝廷官吏所居府邸才能在正门之上标示门楣。嵌在门楣上的正六角形的方木或者圆木俗称门簪,若是石门则标示质料亦为石,其上按照品级涂以油彩或图画,或写上吉祥福寿等祝福语。这些都是彰显地位的方式。脍炙人口的"光耀门楣",其实就是人们向往权力和财富的一种直观表达。

　　赣南围屋大门的门楣上一般装有两个门簪,又称"户对",一般刻有乾、坤或阴、阳二卦。龙南市栗园围内的纪绪祖祠有三座大门,中门的门簪雕刻的是鲤鱼跳龙门,左门的门簪雕刻的是文峰塔,右门的门簪雕刻的是牡丹、凤凰。为什么会有这样的设计呢?因为封建社会等级制度非常森严,男性一般从门簪雕刻有文峰塔的左门进入祖祠,女性一般则从门簪雕刻有牡丹、凤凰的右门进入祖祠,只有贵客和当地身份显赫的人才可以从中门进入。赣南少数围屋的门顶石,还在两个门簪之间雕刻刘海戏金蟾、鲤鱼跳龙门等吉祥图案或"福禄寿喜"等吉祥文字以"光耀门楣"。在大罗新坪厅厦的石门楼上还可见题材为戏曲人物故事的雕刻(图6-9)。

图6-9　题材为戏曲人物故事的门楼石雕(大罗新坪)

　　门枕石俗称门礅、门座、门台、镇门石等,是门槛内外两侧安装及稳固门扉转轴的一个功能构件,因其雕成枕头形或箱子形,所以叫门枕石。门枕石上大多雕刻有浮雕,内容多为动物,如狮、象、羊、牛等,周

图6-10 雕刻吉祥动物形象的门枕石（关西新围、寨背围）

图6-11 抱鼓石（关西新围）

图6-12 抱鼓石（大罗新坪）

围雕刻卷草，主要有吉祥以及出入平安的寓意。在关西新围与寨背围，都有雕刻吉祥动物形象的门枕石（图6-10）。

赣南围屋中心厅堂或宗祠的大门前，还常常放置有一对雕刻精美的抱鼓石，形似圆鼓，属于门枕石的一种。因为它有一个结构犹如抱鼓形态，承托于石座之上，故得此名。抱鼓石是中国宅门"非贵即富"的门第符号，是最能标志屋主等级差别和身份地位的装饰艺术小品。抱鼓石一般分为上、下两段，下部为基座，上部为竖立着的圆鼓，一般鼓顶部还雕有卧狮。如关西新围（图6-11）与大罗新坪的厅厦门前都有一对顶部雕刻狮子的抱鼓石（图6-12）。

石狮子是中国传统文化中常见的辟邪物品，是中国传统建筑中经常使用的一种装饰物，在中国的宫殿、寺庙、佛塔、桥梁、府邸、园林、陵墓及印纽上都会看到它。更多的时候，石狮是专门指放在大门左右两侧的一对狮子。关西新围的厅厦门前，左右就立有一对雄雌石狮，由青石制成，制作精巧、憨态可掬、栩栩如生，是关西新围的镇宅之宝。雄狮口含石珠，顶戴

花翎,脚握四方的官印。母狮
造型更具特色,胸前和左侧
雕刻有两只小狮(图6-13)。

赣南围屋的柱础以石制
为主,主要是因为石柱础比
木柱础能承受更大重量。赣
南空气湿度大,石制柱础可
隔绝湿气,并且坚固耐用。柱
础根据立柱所设置的地点不
同,装饰程度也不同,厅堂内

图6-13　石狮(关西新围)

部的柱础雕刻往往最为精美,造型也多样,有如意瓜楞型、覆盆型、鼓
型、八面勾栏型、四方抹角型。其雕刻内容大多为"寿"字、花草、莲花宝
座(图6-14)。雕刻手法传统,形式朴实。

图6-14　石雕柱础

第四节
彩绘技艺

　　我们不但在寺庙、道观、祠堂中可以看到彩绘壁画,就是在赣南围屋中也能见到。

　　彩绘主要装饰于"国"字形实心围屋的藻井、檐口、卷棚、门廊、厅堂等的天花板上,还常见于墀头、照壁等处。彩画颜色以黑灰、蓝绿等冷色调为主。内容主要为山水花草、人物故事、吉祥动物、连续线纹等,主题有"竹苞松茂""桂馥兰馨""勤补拙,俭养廉""桃园三结义""孟母断机教子""岳母刺字""孟宗哭竹"等,教育后代继承忠、孝、仁、义和勤奋的美德,要爱国爱家、孝敬老人,这些恰恰反映了客家人的传统美德。

　　我们在关西新围就发现有很多彩绘装饰,主要装饰在建筑中心的大厅下和廊门的天花板上,多数是以白地蓝花、白地红花、黄色木纹、墨彩线描和红白相间为主要色彩构成的表现方法。白地蓝花和白地红花多满绘在天花板和卷棚上,有卷叶、牡丹、团菊、缠枝花卉纹饰(图6-15)。

　　关西老围(西昌围)的彩绘最为华丽的是建于明

图6-15　白地蓝花彩绘装饰(关西新围)

147

末清初的徐氏祖祠的彩绘,不但图案精美,并且保存完好、色彩清晰。如在门页上绘制的门神是唐太宗手下的文臣武将;厅门口上的天花彩绘更是令人惊叹,三幅彩绘色彩富丽,中间的一幅画有凤凰和喜鹊,喻为百鸟朝凤(图6-16),左边是漫画式的彩绘,把原本高大的大象画得很小,大象身上的花瓶却画得奇大,喻为太平(瓶)有象(图6-17),右边画的是一只小猴骑在大河马身上,喻为马上封侯(猴)(图6-18)。

图6-16 百鸟朝凤彩绘(西昌围)

图6-17 太平有象彩绘(西昌围)

图6-18 马上封侯彩绘(西昌围)

第七章
赣南围屋的传统营造习俗与文化信仰

第一节
赣南围屋的传统营造习俗

建房造屋,既是为当代人安居乐业,也关及子孙后代的繁衍和兴旺发达。因此,赣南人对建房极为讲究,从选择屋址、破土动工、上梁,直至乔迁新居,都有一套甚为严格的传统习俗。

一、相地选址

风水先生的相地选址主要有两种手段。一是目测,即仅凭肉眼看地形地势。其标准是山、水、峰峦都要好。一般要求屋后要有靠山,如有一重重的高山则更好;屋前要有河流,并呈玉带式迂回曲折流过门前;前面朝山若能呈笔架形为最妙,即所谓"文峰";房屋两旁,必须左厢的山岭较高,右厢的山岭较低,所谓左青龙,右白虎。青龙山要高,白虎山则宜低。且白虎山必须是泥山,如果是石山就不行。因青龙必须压过白虎,否则不吉利。还有,白虎山的自然形象若如张开嘴巴的形态,预示不利,因它象征着老虎要吃人。二是罗盘细测,即通过风水罗盘来对屋场或房基进行细致勘测。一般是以南北极为中心,看天星、峰峦等与屋主的生辰八字是否相合或相克,最后再确定建房的地点和方位。

实际操作中,风水先生一般是目测和罗盘并举(图7-1)。

图7-1 风水先生相地选址

之后，东家再请风水先生挑选开基吉日，写好建房课格(图7-2)。东家根据课格上的规定，去做准备工作。

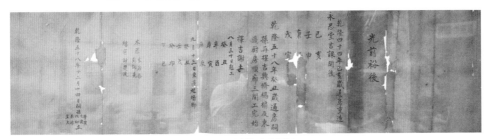

图7-2 清代建房课格

二、画线破土

在围屋的地点和方位都确定之后,东家会请泥水师傅按需要画出建造房屋的大小,立棒开线,沿线画好石灰图,这就是放线画地基(图7-3)。有的房屋画线,还要请风水道士起符,即用一方木,上画"杨公符",顶端扎上红布,插入屋场的后龙土中,在其前焚香燃烛。

在赣南传统民居的建造中,"破土"是比较重大的仪式活动。动工前得请风水先生推算吉日良辰。"破土"的仪式寓意着退避"太岁"的信仰。 所谓"太岁",实指"太岁星",是一颗虚拟的星体,被说成与"岁星"(木星)同轨道、反方向,以12年为一周天的凶星。传说,它常出现于地下,倘若谁在砌房造屋中掘到它,便会带来凶殃。因此,人们"破土"要

图7-3　放线画地基

择时,形成了一些禳避"太岁"的风俗,以免"在太岁头上动土"。在赣南,这类禳避风俗常用栽符桩、埋茶米、挂筛子、杀公鸡等做法,以驱避凶神"太岁"。

待风水先生选定的破土时辰一到,便宰鸡鸣炮,以谢土地神,随即破土开挖。一般来说,首先由师傅先挖几下,后由小工接着挖。师傅则走到东家面前拱手祝贺:"今日动土做新屋,保佑年年大富足。今日良辰起新居,祝贺代代着朝衣。"东家则回师傅道:"多谢师傅金言。"随即掏出一个事先准备好的红包给师傅,红包包多少钱,由东家定,但是忌逢八(避方言"七胜八败"这句俗语),最好是六、九。

这一天,东家要摆宴席,亲朋好友要前往祝贺,俗称"送茶";要出力,俗称"赠工"。按当地风俗,建房、嫁娶、丧葬是一个家庭的三件大喜事。其中以建房为头等大喜事,亲友或乡亲们都会自觉前来义务帮忙。东家只给师傅付工资,对帮忙的亲友只管饭不给工资。

三、起脚舂墙

房屋基础坑挖好以后,泥水师傅务必按东家定的时辰开始下石起脚,即奠基。开始起脚,一般有三种情形:一是起脚时,按前朱雀后玄武、左青龙右白虎的顺序,依次下几块石头奠基;二是按东南西北四角先砌,也是象征性地先砌几块石头;三是按当年的大吉大利方向起砌,如乙亥年大利南北,则基脚从南、北起砌。

春墙质量如何,事关房屋的坚固程度。为防止偷工减料,造成外实内虚的后果,受聘的春墙人多为东家的本族兄弟叔侄或其他亲朋好友。为避免泥瓦匠、木匠借助"模拟巫术"手段,给主人家下"魇镇",如悄悄往墙内放小木人、纸人、纸刀、头发、钉子一类的祟物,让东家遭祸害,东家聘请的师傅匠人,应是人品、技术皆佳的。同时,东家对他们皆热情相待,工钱也格外丰厚。

四、安大门

在赣南传统民居的建造中,安大门是重要的仪式。大门不仅是民居的标志性构件,而且是收纳外气之口,"安门"也得请风水先生掐算时辰。时间多在凌晨或清晨,以取"紫气东来""如日东升"之意。安门这天,先要把门脚石砌好填平,大门门框上张贴好喜帖和对联。喜帖内容有"吉星高照""百福临门""户纳千祥""安门大吉""人文蔚起"等,对联有"定居欣逢大好日、安门正遇幸福时"等。然后,时辰一到,便将大门抬上去。这时鸣放鞭炮,安放大门时两边托门的人要齐声高喊:"高升、高升!"这时有的泥水师傅要呼赞:"起造大门四四方,一条门路通长江,男人出入大富贵,女人出入得安康。"之后,东家要给师傅红包,表示感谢。

五、排楼梁

赣南传统民居通常是两层楼房。当房屋墙壁砌到安放楼梁的位置时,便要将楼梁安放上去,并要求排列平整。至此,第一层楼下部分的施工结束,第二层楼上部分的施工开始。此时虽然没有什么仪式,但是必须给师傅敬上红包,表示第一层已经结束,楼梁已排得四平八稳,感谢师傅劳苦功高。这次分发红包不仅给泥工师傅,也要给木工师傅,因为楼梁是木匠做成的,排梁时需要木匠协力完成。除给师傅外,也要给徒弟红包。当地普遍盛传:"匠人是吃千家饭的,嘴灵手巧。若得罪了匠人,匠人有意讲些不吉利的话,或者在施工中搞点小名堂,这些都将招致日后东家居住时不吉利,如出现闹鬼、生病、死庄稼等怪现象。届时还得请匠人回来,向他赔礼道歉,请他解法消灾。"因此,东家一般不会吝啬这几个小钱而去得罪匠人,自寻烦恼。

六、包挑梁

当楼上墙体砌到一定高度时,便要将挑木包入墙内,即挑梁,俗称"包挑梁"或"包挑手"。其功用是承担起墙外出檐那部分荷载。这根挑梁是外部重要装饰点之一。过去一般都会对之进行艺术处理,少数也用斗拱装饰。挑梁包成后,东家又要给师傅发一次红包。然后,在其上再排一层梁,俗称"三架梁"。也有的只象征性地排若干根细梁,表示第三层的雏形,也不钉楼板。"三架梁"以上两侧的墙叫山墙,山墙上顶着瓦梁和栋梁。

｜ 七、发梁 ｜

"发梁",即"伐梁",是避"伐"这个带凶杀的字,也就是采伐、制造栋梁。发梁未必在建房期间进行,也许在动土起脚之前便准备好了。

按本地风俗,建房子凡建有公共厅堂(一般有两子以上的主人家,或由两兄弟以上合建的房屋,都会建公共的厅堂,即"祖厅")的,都有做栋梁的传统,也就是"发梁"和"上梁"礼仪。因栋梁通身红色,故被俗称为"红梁"。它位于厅堂的着瓦梁之下,而这种公共厅堂的做法是露明造。人们踏进厅堂,仰首一看,便能望见这根民间谓之为"栋梁之材"的红梁高高横卧在厅堂的顶端。其实,在功能上,它并不荷载重量,大概仅起稳定两边山墙的作用。但是由于栋梁所处的特殊位置和具有的象征意义,栋梁成为整栋房屋中最神圣、最重大的构件,也是整幢房屋的保护神。东家希望它从今以后,照顾好这家人,保佑家运亨通、人财两旺、世代荣昌、万载兴隆。因此,这根梁从采伐到升梁归位,都有很重要的仪式。

｜ 八、升梁 ｜

山墙砌好后,房屋高度已经确定,接下来便要进行整个房屋营造过程中最隆重的仪式——升梁,即将栋梁安放上去。升梁的日子必定是个吉日,要由风水先生根据东家的生辰八字选定。这一天亲友乡邻都会前往庆贺,儿童们也会蜂拥而来看热闹,风水先生、木匠师傅、泥水师傅都要到齐,一一祝赞。新屋大门上要换上新的对联。升梁时刻来临前,要先将栋梁抬入工地,但不得落地,要按吉利的方位,用条凳垫起。栋梁上贴着红纸(或直接油漆书写),上书诸如"万代兴隆"之类的富贵吉祥语,木匠要在新的厅堂一角,贴上用红纸抄好的"符章"。待上梁时辰一到,鞭炮齐鸣,敲锣打鼓。在一片热闹的气氛中,升梁庆典仪式正式开始。

　　首先,由木匠师傅呼"暖梁"祝文。接着,由木匠师傅和泥水师傅各拿一条红绸(或红布),立于红梁两端,分别缠在梁头和梁尾上,呼赞。此赞为一人一句对口词形式。

　　然后,主人将三个盛满酒的酒杯,分别放在红梁的头、中、尾上。各位先生、师傅手执酒杯,开始"祭梁"仪式(图7-4)。首先祭天地,由一位师傅或地理先生致"祭天"赞文。完毕,泥水和木匠师傅成双成对手举酒杯,用对口词的形式,争相祭酒呼赞。其

图7-4　祭梁仪式

赞文内容较多,此不列举。"暖梁""祭梁"喝彩仪式之后,泥水、木工师傅和风水先生,又要一一分别呼"贺梁"赞文。以上升梁祝赞仪式结束后,便开始升梁归位。这时鞭炮又鸣,鼓乐再起,人群鼎沸。起吊时,用两根"吊谷绳"(麻绳),分别系在梁头和梁尾。众人齐喊:"红梁高升。"然后梁头徐徐先起,梁尾稍后跟上。由两个人缓缓将梁吊上。他们解去绳子,双手平托红梁,同向山墙顶峰走去;到了山墙顶峰,慢慢地把红梁放到预设的位置上。新屋上下的师徒、帮工和观众齐声呐喊:"红梁高升、高升、高升、再高升!"在喊最后一个"升"字时,红梁正好到位。此时大放鞭炮。将预先准备好的内装米谷杂粮的四只红布袋,一边一对,

挂在红梁上。最后举行"抛粮"和"接宝"的庆典仪式。"抛粮"就是在新房上了大梁之后，匠人在梁上把糕点或五谷抛向梁下的人群或地面，让众人争抢，以烘托喜庆气氛。把一些谷米撒到屋内地面上，以作"满地食粮"之兆头。"接宝"是匠人在上梁之后，从梁上向地下抛撒钱币，或用红布包着钱币从梁上用绳子牵着慢慢放下，让建房的主妇二人双手接起，以得"宝物"。

至此，升梁仪式达到高潮，并全部结束。当日中午或晚上，东家要举行建房过程中的第二次大宴会。宴会热闹非凡。

红梁升位时，最忌三件事：一是忌说不吉利的话，更忌系梁绳断；二是梁头要先上，不能梁尾倒上；三是忌用泥刀在红梁上剁砍。

九、筑瓦栋、做出水

红梁归位后，接下来便是排瓦梁、钉瓦桷、盖瓦，最后是筑瓦栋。至此，建造新屋的外貌工程全部结束。剩下的就是外墙粉刷和内部装饰了。"筑瓦栋"即做屋脊，就是在屋脊上用完整的青瓦片竖立一道瓦墙，在瓦墙的中心位置用瓦摆一个外圆内方的铜钱形，或者安放石雕瑞兽、瓷质花瓶。做出水（图7-5）就是做瓦头滴水，即将瓦面的水顺利送出屋檐外面，因此，它又叫"落成"。筑瓦栋和做出水，东家也要包红包，作为工程完工礼。这一天，为了表示庆贺，东家要举行盛大的"落成"圆工酒，也就是竣工仪式（图7-6）。这

图7-5 做出水

是建房过程中第三次和最大的一次宴会。此次宴会要将所有的亲朋好友，以及参与建造的所有师傅和小工统统请到。宴会规模和档次，非前两次可比。宴会上，主人家会喜气洋洋地把红包、工资和

图7-6　竣工仪式

礼物拱手敬给师傅们，师傅则起身双手接过钱礼，高举封赠道："新屋新居，大发大贵。"

｜ 十、迁居 ｜

　　新屋建成后，要择吉时迁居新宅，俗称"搬火"或"过火"。迁居时间须在择定吉日的黎明前。迁居时，家长从老屋的灶膛中取得火种并点燃火把，俗称"接火种"。出门时鸣放鞭炮，老邻居亦来鸣炮相送，俗称"送火"。然后，由男户主挑出火担子。一头是锅，锅内装燃烧的火灰，并撒上糠，会呈现烟雾缭绕的效果；另一头箩筐装有香炉、点燃的小蜡烛和祖宗牌位，香炉里还插着点燃的线香。主妇抱着饭甑，拿着锅铲，甑内用红纸包着谷、豆、花生、芝麻、油菜籽（或玉米或麦子），合称为"五谷"；子孙拿着火铲、捞勺之类的炊事用具，每样用具须贴上红纸。出门时，户主走在前，主妇继后，放鞭炮。户主边走边说："请太公太婆到新屋来去住。"左邻右舍放鞭炮贺行。走到新居门口，由事先安排的本家亲人放鞭炮接火。进屋后，先在厅堂点燃蜡烛、线香，把祖宗牌位安放好。再到厨房祭祀灶神，然后将火种移入新灶。迁居时，女儿家不随行，等天亮后才能进新屋，同时忌在"过火"途中碰撞到过路人，免得

碰掉好运气。

图7-7　乔迁新居宴

　　这一天，新宅要贴新门联，门联内容非常丰富，其中常见的一种是将迁居的日期嵌入门联中。亲友会送礼恭贺，主人家则要在新宅中，用新灶做米果、做饭菜、设酒席接待道贺的亲友以及新老邻居。这就是乔迁新居宴。（图7-7）

　　以上从选址建房到乔迁的10个过程中，共要摆4次酒席（动土、升梁、完工、迁居），贴3次门联（安门、升梁、迁居），进行4次喝彩活动（选址、安门、发梁、升梁），礼仪烦琐。当然，未必每一道礼仪细节建房者都要一一履行，就是选址、动土、安门、升梁、落成、迁居这样的大礼，也有繁简取舍，主人家因具体情况不同，不一定面面俱到。

第二节
赣南围屋的传统文化信仰

　　赣南围屋民居的营造与使用过程中包含极为深厚的文化信仰。以下主要讲述理学、崇宗敬祖、科举文化信仰。

一、理学文化信仰

王阳明是继南宋朱熹之后的大理学家,也是明代理学的代表。他在南赣担任巡抚期间,借助行政力量去推动儒家的礼乐教化,以礼制规范南赣贵族的社会生活和政治生活,通过宗族认同以培育政治认同,实现"家国同构"。家国同构的观念被宋明理学家进行了内在性的转化。家族观念成为伦理观念的根基所在,孝悌、忠恕、爱敬,无一不是筑基于家族观念。

比如,于都县上宝围,非常注重传统厚重的儒家思想,宝溪(上宝的古名)之地一时成为风气清明的礼仪之邦,并衍生出了独具文化特色的《百行孝为先诗》《治家格言》《家训十则》等。在定南县老城一座方形围屋的门额上,有一块门匾,上面书写着"锄经种字"(图7-8);在安远县东生围大门两侧的四座边门门额上,分别挂有书写着"敦行""敦本""树基""承家""耕礼""种义"等的门匾。许多围屋祖厅柱子上悬挂的对联,都在用农耕文化通俗易懂的语言向山区人民灌输着儒家的思想精华,也显示儒家文化信仰已被赣南山区人民广泛接受。

图7-8 "锄经种字"门匾

| 二、崇宗敬祖的文化信仰 |

赣南围屋民居的最大特点,就是以祭祀祖先的祖厅或宗祠为中心布局民居的各个建筑单元。因此,崇宗敬祖的文化信仰在赣南等围屋分布区就表现得更加浓厚。

赣南客家人具有浓厚的崇祖观念,其祖厅或宗祠是崇拜、祭祀祖先的中心,宗祠内的门榜、对联、祖宗像、神牌以及祭祀祖先的活动等集中反映出客家人的祖先文化信仰。

在赣南围屋宗祠的大门门楣上,一般都镶嵌或挂着一块门匾,匾上标榜着本族的渊源、本姓氏高贵门第或良好家风、本姓先贤的高尚品格或名人事迹等,此匾为"门榜"。如黄姓的常用"江夏渊源"门榜,表示黄姓的发祥地是古代的江夏郡;陈、钟、赖、邬、庾等姓多以"颍川长流"为题,是说这几姓皆望出颍川郡;至于罗姓的"豫章遗风",则表示罗姓望出豫章郡;易姓的"太原遗风"和温姓的"太原世第",意味其姓源自太原。还有像侯姓的"上谷家声"、徐姓的"东海传家"、邹姓的"东鲁名家"、萧(肖)姓的"兰陵传芳"等,表达的都是赣南客家人对祖先发祥地的追忆。

在赣南围屋宗祠的大门两侧、厅堂的墙壁及柱子上,镌刻着许多对联,其内容以颂扬宗功祖德的居多。对联中表达了子孙后代对祖宗的崇敬和怀念之情,渲染着一种崇拜祖先的气氛。如龙南栗园围镌刻在祠堂中厅石柱上的一副楹联:"派从文水分来支流长远,支自栗园崛起根蒂坚深。"相传,明代洪武甲戌年(公元1394)秋,开基祖李申甫,山西文水县人,因奉命赴任广东省海丰县知县,携眷属前往当地,途经龙南里仁镇横岭下时,其母突然发病,身发高烧,口干唇裂。在这前不着村、后不着店的荒凉山野,李大人焦急万分。此时,有位随从在山上发

161

现了几株野生金橘挂满枝头,便采摘了一些橘子回来,奉送给其母亲吃。结果,其母吃完野橘后,渐觉气畅神怡,遂感舒适,其病很快痊愈。神奇的野生金橘给李大人母子带来了吉祥瑞气,母子商定,便在此地安家落户。为纪念金橘之恩,申甫公便将其李姓祠堂命名为"橘瑞堂"。

在许多赣南围屋的宗祠内盛行挂祖宗像的做法,表示对祖先的崇敬。有些宗祠在重要年节及婚嫁大事时都要挂祖先画像。春节挂祖先像一般是从农历腊月二十五日开始,至正月十六日结束。

赣南围屋宗祠通常会放置祖先的牌位。祖先牌位,又称神主牌、家神牌,置于宗祠上厅的神案上。一块神主牌代表一位祖先,历史悠久的大宗族的宗祠,往往分几层陈列着几十块甚至上百块神主牌。神主牌上写着祖先的名讳、生卒时间,以及做过什么官、中过什么举,或者有什么荣誉称号。神主牌的制作有一定的讲究,神主牌多为一种带座的、可以竖立的长方形小木牌,制作较为精细。祖先神牌的安置:神牌分若干层,最高层安置始祖,以下按照世系分置列祖列宗的神牌。祭祀时,将祖宗神牌从祖寝神龛上接下,放置于祭祀用的香案上,祭祀完再放回原位。最高层的祖牌,一般不用接下,按照其原位予以祭祀。

在赣南客家的各项祭祖活动中,祠祭是其中最为重要的仪式之一。举行祠祭的时间,在客家人的各宗族中并不完全相同,较为普遍的是奉行春、秋二祭。此外,也有不少家族在冬至日举行祠祭。祠祭的参加者一般为族中男丁,如宗族太大,则由每家或每房派代表参加。祭祖仪式多由宗子、族长主持,还有司礼等执事人员。大致过程:迎神,唱着祖先的名字,把祖先的神灵请来;献食,向祖先神灵奉献上精美的食品(图7-9);敬酒,向祖先神灵敬奉香醇的美酒;念祭文,由司仪朗读,内容主要是颂扬祖先功德,表示后代对祖先的仰慕、怀念之情;焚烧祭文,在堂中焚烧祭文,使其化为灰烬,让祖先神灵皆能收到祭文;结束,众人依序退下。

图7-9　祭祖献食

三、科举文化信仰

科举制度是一种通过考试选拔官吏的制度。所谓科举,也就是"分科举士"。

明清两朝的科举士人不但享有免纳差徭的特权,还享有特殊的司法地位。因此,通过科举改变个人与家族命运,成为当时每一个读书人心目中的远大目标。"耕读传家"成为每个家族的信条。

如关西新围的建筑者徐老四自己没有多少文化,但对子孙要求十分严格。家谱上记载,儿子们分家时,特意留出了一大部分的善学田、善学屋公款倾资供子孙读书。徐氏家谱上记载,在道光年间,龙南出了五个翰林,而关西就出了三个半,三个是徐老四的子孙,半个是指他的孙女婿。小时候,他们在苏州园林式的"小花洲"优雅的环境里写字、读书,都中了进士。

关西新围的祠堂大门顶原来有一珍贵的竖匾,题字为"赏戴蓝翎",传说是光绪皇帝赏赐给徐老四孙子武举人徐赠的匾。门斗上还有另一块"连登科甲"的牌匾,据说是光绪年间徐老四的两个孙子徐赠、徐峰同时考中举人,一文一武,同登科甲。

据说龙南的乌石围人才辈出,明清举人、进士共有70多人,嘉庆年间还出过一位五品大夫,所以在围屋一栋房子的门额上有专门书写着"大夫第"的门匾。

龙南栗园围的科举文化信仰也随处可见。橘瑞堂内有一副楹联:"世守诗书绵旧德,门标忠武仰前徽。"大夫第堂前有一副楹联:"寒窗苦读折桂为遂青云志,金榜题名出仕争做栋梁臣。"祠堂门前的功名旗杆石更加激励着子子孙孙要发奋读书,争取金榜题名。

大余县曹家围大门口更是排列着四对功名旗杆石,标榜着曹家围曾经人才辈出,科举考试成功人士多(图7-10)。

图7-10　曹家围门前的功名旗杆石

第八章

赣南围屋的衰落与营造技艺的传承

第一节
赣南围屋的衰落

　　赣南客家围屋创始与发展的主要因素有三个：一是外来移民大量移居赣南，带来赣南山区经济的大发展，为围屋民居的营造奠定了雄厚的经济基础；二是豪强地主阶级在赣南的形成与壮大，产生了营造围屋民居的社会需求；三是南赣巡抚王阳明通过扶持豪强地主阶级营造围屋民居来加强与巩固对赣南山区的国家统治。这三大因素从晚清开始逐渐消失，导致赣南围屋民居的营造必然走向衰落。

一、晚清赣南经济的衰落

　　从1840年开始的鸦片战争深刻地改变了中国的政治、经济与社会格局。

　　第一次鸦片战争以后，清政府被迫开放广州、厦门、福州、宁波和上海五个口岸对外通商。从一口通商到五口开放，这不仅仅是数量上的变化，而且在本质上促使中国传统的贸易商路发生根本性的变化。中国传统的贸易商路从运河而下，进入长江，再由鄱阳湖入赣江，逾梅岭入广东至广州的"京广大水道"逐渐衰落。南北纵向贸易路线开始转向以上海为中心的长江流域为主体的东西横向贸易路线。

与此同时，包括赣南在内的江西过境贸易亦开始逐渐衰落。以前江、浙、皖等省进出口货物多经赣江走大庾岭赴粤，以往"商贾如云，货物如雨，万足践履，冬无寒土"的大庾岭商道顿显冷落。

自清乾隆开始，赣南已经人多田少，从之前的移民迁入地变为迁出地。先失去了人气，后失去了财气，赣南从此轮回到历史上曾经的闭塞山区。在这种自给自足的山区小农经济环境中，人民肯定无力建造需要耗银万两的大型围屋民居。因此，虽然赣南还有些富豪在营造围屋民居，但无论体量还是建筑材料，都不可与清中期之前同日而语。有的体量小，有的是用鹅卵石、夯土墙甚至是土坯墙，已经用不起砂石、青砖与条石起墙，所以此时的围屋给人的印象不再是坚不可摧。还有很多围屋成为"烂尾"工程，无法按之前的设计完工，甚至连定南县明远第这样的大型围屋，也是建建停停，最后只建了六个炮楼，还缺两个炮楼。

二、打土豪、分田地

打土豪、分田地，是中国共产党领导的中国工农红军在土地革命战争时期实行的重大工程。1927年的"八七会议"后，中国共产党将"打土豪、分田地"确立为土地革命的核心内容，明确提出要没收大中地主和一切所谓公产的祠族庙宇土地，分给佃农或无地农民。土地革命旨在消灭封建地主土地所有制，铲除封建地租剥削，实现"耕者有其田"，从而解放农村生产力。

1929年1月，毛泽东、朱德率领的红四军到达赣南。

在《兴国县土地法》中，毛泽东做了一个重大的改动，即把《井冈山土地法》中"没收一切土地"改为"没收公共土地及地主阶级的土地"。红四军政治部把《兴国县土地法》油印成册，在赣南、闽西各地进行宣传,掀开了赣南土地革命风暴的序幕。

赣南的豪绅及其围屋民居屡受炮火的洗礼。

｜ 三、拔"白点",攻围屋 ｜

在土地革命到来之前,赣南北部的雩都、兴国、宁都、石城、瑞金、会昌等地(中央苏区核心区域)围屋数量非常可观,而今现存者较少,主要是因为苏区时期红军打掉和拆除了很多围屋。

1927年8月南昌起义之后,南撤到江西南部的革命队伍就已知道赣南土豪围寨的"厉害"。

1931年10月至1933年1月,是红军集中主力部队攻打中央苏区腹地土豪围寨的高潮阶段。1931年9月中国共产党取得第三次反"围剿"胜利。中央苏区大体形成。但是,在中央苏区内部,特别是在其最核心的地带,即连接赣西南与闽西苏区的兴国、于都、宁都、石城、瑞金等地的广大乡村地区,大量土豪地主武装盘踞在各处土围山寨中,不仅严重威胁着中央苏区政权的巩固,也影响土地革命的顺利开展。

1931年10月至1932年2月,红军"消灭了于都、胜利、宁都、石城等地土围石寨大小二百余处"。江西苏区乃打成一片,"白点"围屋被消灭了95%。至1933年1月,红军陆续攻破雩都北乡赖村(今属宁都县)附近的一系列土豪围寨,由此基本肃清了中央苏区腹地(包括石城、瑞金、于都、宁都、兴国等县)的"白色割据势力",从而进一步巩固了中央苏区政权。

1933年1月以后,红军攻打土豪围寨的斗争集中在中央苏区南线的会昌、安远、寻乌等县。这一连串的斗争使南线的土豪围寨势力受到了沉重打击,不仅有力地巩固了中央苏区后方政权,还扩大了整个中央苏区的范围和战略纵深。

四、1950—1953年：土地改革运动

土地改革是中国人民在中国共产党领导下，彻底铲除封建剥削制度的一场深刻的社会革命，是我国民主革命的一项基本任务。

土地改革的基本完成，使中国农村的土地占有关系发生了根本变化。也正是土地改革运动，将赣南的地主阶级彻底消灭。皮之不存，毛将焉附？属于地主阶级的豪宅——围屋民居，自然也就失去了其发展的基础，走到了历史的尽头。

第二节
赣南围屋建筑的保护

就在赣南围屋日渐被围屋居民遗弃的时代，它却作为一种特色民居建筑受到了文物建筑与社会各界人士的"发现"、价值挖掘与保护。

1990年9月，时任赣州市博物馆馆长的韩振飞在《江西日报》发表文章，提出赣南围屋起源于汉代的观点，该文是关于赣南围屋最早的研究和报道。

1991年10月，民居建筑专家黄浩在中国民居第三次学术研究会上提交《江西"三南"的围子》一文，从建筑专业角度对赣南围屋进行了较为系统的描述和研究，文章中对许多典型的赣南围屋进行了调查和测

绘。1995年,该文又以《江西围子述略》为题,刊登于华南理工大学出版社出版的《民居史论与文化论文集》。

以上两篇文章是对赣南围屋最早的研究,赣南围屋从此被"发现"。

1992年1月,在赣州市召开的"赣南中华客家研究会暨首次研讨会"上,赣州市博物馆万幼楠的《赣南客家生土建筑探析》和赣州市城建局廖光禹的《龙南客家围屋的特点》在会上提交并被讨论,在《赣南师范学院学报》的增刊"赣南客家研究"专辑刊登。赣南围屋开始得到赣州市党政领导的关注与重视,价值挖掘与古建筑保护工作从此开展。

1993年8月,由中国传统建筑园林研究会和赣南中华客家研究会主办的"首届闽粤赣客家围楼学术讨论会"在赣州和龙南召开。会议期间,来自各地的代表对龙南的围屋进行了参观和考察,并观看了万幼楠的《赣南客家围屋》和龙南城建局制作的《神奇的龙南围屋》两个专题片。这是赣南围屋在海内外专家学者面前的首次展示,对赣南围屋影响力的扩大产生了很大的作用。从此,来赣南对围屋进行参观、考察和报道的专家、学者和记者渐多,赣南围屋知名度逐渐提升。

2000年5月,由日本丰田公司资助,片山和俊教授主持,日中高校师生及江西文博界的专家组成的中日考察队对赣南围屋进行了为时两周的调查测绘,扩大了赣南围屋的影响力。

2000年7月,安远县东生围与龙南县关西新围被公布为第四批江西省文物保护单位。

2001年12月,龙南县关西新围与燕翼围被公布为第五批全国重点文物保护单位。这是赣南围屋第一次进入"国家文物保护单位"名单。2013年东生围入选第七批,2019年龙南县乌石围入选第八批国家文物保护单位。这样,共有四处赣南围屋被列入"国家文物保护单位"名单。

2001年2月春节期间,中央电视台《东方时空·直播中国》栏目,以"客家人的围子"为题,对龙南县乌石围进行了直播,产生了巨大的社会影响,并带动了围屋旅游的开发。

2004年6月,日本玉井哲雄教授组建的中日师生考察团对赣南围屋进行了七天的考察和测绘,扩大了赣南围屋在国际上的影响力。

2005年3月,中央电视台四套《走遍中国》栏目,播出了《围屋沧桑》,进一步扩大了赣南围屋的知名度。

2005年至2008年,先后多批围屋被列入各级文物保护单位,包括雅溪围屋、西昌围、沙坝围、鱼仔潭围、猫柜围、栗园围、杨村乌石围、杨太围等围屋,其中雅溪围屋被列为江西省重点文物保护单位。同时,当地政府加大对现存围屋的保护力度,对现存围屋进行普查分级,建立记录档案,根据围屋的现状制定了相关的保护措施;并安排专项资金,分期对代表性围屋进行维修。

2007年10月,龙南县被上海大世界基尼斯评为"拥有客家围屋最多的县"。

2011年,根据第三次全国不可移动文物普查数据显示,赣州市保存有各类赣南客家围屋589座,其中被公布为各级文物保护单位的有62座。

2010—2014年,赣南围屋的保护维修工程开始获得国家重点文物保护专项补助资金与江西省基层文物保护维修专项经费的资助。

2011年11月12日,赣州市政府办公厅下发了《关于成立赣南客家围屋申遗工作领导小组的通知》,赣南围屋申遗工作正式启动。

2012年1月,北京清华城市规划设计研究院编制《江西省赣南围屋申报世界文化遗产预备名录文本》,文本将龙南、安远、定南、全南四县的15处围屋(包括关西围屋群、雅溪围屋群、东生围屋群三个围屋群聚落,及燕翼围、渔仔潭围、虎形围、明远第围四处围屋及所在聚落,简称"三群四围")进行捆绑式申报。

2012年11月17日，在北京公布的《中国世界文化遗产预备名单》中，赣南围屋成功入选，同时也是江西省多个参选项目中唯一入选的申遗项目，标志着赣南围屋获得了通向世界文化遗产的入场券，赣南围屋保护利用进入一个全新的阶段。

2014年，"客家民居营造技艺（赣南客家围屋营造技艺）"列入第四批国家级非物质文化遗产代表性项目名录。

2017年6月，赣州市印发了《赣南围屋抢救性保护维修实施方案》，计划在2017—2019年期间投入约5亿元对113处赣南客家围屋进行抢救性维修保护。据了解，2017年赣州市维修了28处，2018年维修了44处，2019年维修了41处围屋。维修的围屋主要分布在龙南、全南、定南、安远、寻乌等县。

2018年5月，第一批国家传统工艺振兴目录公布，龙南县的赣南客家围屋营造技艺（家具建筑类）入选。接下来，文化和旅游部等部门将加大对列入项目的扶持力度；督促各地对列入项目着手制定振兴方案，落实振兴措施。

2019年2月26日，赣州市召开贯彻实施《赣南客家围屋保护条例》新闻发布会，宣布专门为保护赣南客家围屋而制定的《赣南客家围屋保护条例》已由江西省第十三届人大常委会第九次会议于2018年11月29日批准，将于2019年3月1日起施行。这标志着赣南客家围屋有了富有地方特色和针对性更强的法律保护措施。

赣南围屋虽成功入选《中国世界文化遗产预备名单》，但围屋的保护利用及围屋营造技艺的传承仍面临诸多问题。

首先，围屋聚落整体环境遭到改变。居住和防御是传统围屋聚落的主要功能，而如今围屋聚落的防御功能已经完全丧失，其居住的功能正在逐渐退化中。中华人民共和国成立以来，特别是20世纪80年代改革开放之后，赣南围屋聚落中的居民大多从围屋等传统民居建筑中搬出，在传统民居建筑旁扩建和加建了一些形制、风格与围屋聚落风

图8-1　龙南县乌石围的环境风貌遭破坏

貌极不协调的新建筑，对围屋聚落景观造成较为严重的破坏(图8-1)。

其次，围屋聚落建筑本体遭到破坏。近几十年，随着赣南经济的快速稳步发展，人民的生活水平和质量有了大幅提升，传统建筑因无法满足村民的需求而被弃置。无人居住的围屋建筑由于年久失修，处于自生自灭的状态之中(图8-2)。因此，缺少维护和管理是造成围屋建筑本体破坏的重要原因。

总之，现存的589座赣南围屋，除了62座被列为文物保护单位的围

图8-2　遭遗弃的猫柜围

屋受到较好的保护之外，其余大多数围屋因缺乏专门的维护和管理而遭到破坏。

"对于数量庞大的客家围屋，单靠财政专款维修和保护并不现实，而合理开发实际上就是最好的传承与保护。"龙南县文物局局长、半辈子都在和客家围屋打交道的张贤忠如是说。

遵循活化利用的指导思想，龙南县开发最早的一座围屋——关西新围的居民以房入股，成立了旅游管理理事会。村民有的办起了客家餐馆，有的卖土特产，有的成了景区售票员和讲解员，每年可增收数万

元,围屋旅游正风生水起。

"关西新围的成功范例给围屋旅游开发带来了启发,但客家围屋是不可复制的珍贵文化遗产,不能一拥而上、盲目开发。"张贤忠说,客家围屋作为在特定历史环境下的产物,其产生和建成有着深刻的社会背景和历史背景,在中国建筑史、文化史上有着特殊的地位,具有丰富的历史文化、建筑文化研究价值。因此,围屋的开发利用要有一流的规划和策划团队,要深入发掘客家文化内涵,提升围屋文化品位,力争做到"一围一品"出特色,如关西新围定位为建筑文化和经商文化,栗园围以八卦文化为主,隘背围以农耕文化为主,渔仔潭围建成客家酒堡,融酒文化和艺术创作为一体。

让人欣慰的是,保护客家围屋,弘扬客家文化,已经成了赣南各阶层的共识。2018年,龙南县文物局(博物馆)联合定南、全南、安远、寻乌、信丰以及广东省的连平、和平等客家围屋存留地,发起成立了"全国客家围屋保护研究联盟"。

作为主要发起人,张贤忠说,他们把"协同共建,保护优先,传承共享,互鉴共融"作为联盟倡议中最重要的关键词,推动客家围屋保护、研究、利用跨地区协作,形成联盟的集群效应和联动效应;同时深入挖掘客家围屋的当代价值,充分展示客家围屋所蕴含的文化内涵和精神实质,结合时代要求继承创新,持续打开围门,让客家围屋"活"起来,让其所蕴含的价值融入人们的生活,展现时代的风采。

第三节
赣南围屋营造技艺的传承

赣南围屋作为一种民居建筑,已失去了其存在的历史环境,因此作为物质文化遗产,已经难以为继。我们现在能做的,也就是多做一些保护工作,尽量把现存的围屋建筑保护好,延长其生存寿命,将这种文物建筑传承给子孙后代。

要保护好围屋建筑,就必须要有一批懂得维修围屋建筑的手艺人。因此,近年来国家与省市地方政府开始重视对赣南围屋营造技艺传承人的鼓励和扶持。

1.钟彦鹏

2018年5月16日,第5批国家级非遗代表性传承人名单公布,钟彦鹏作为赣南围屋营造技艺代表性传承人榜上有名,他是江西全省第一个该类别的国家级代表性传承人。

钟彦鹏出生于1951年5月,1967年初中毕业后,他拜当地著名木工师傅李美光先生为师学习传统木工技艺。学艺三年出师之后,他开始承接祠堂的维修并自学房屋建造技艺。自1970年以来,钟彦鹏独立承接围屋、祠堂的维修技艺已有四十五个年头。

数十年来,钟彦鹏融木工和泥水为一体,掌握了榫卯、斗拱的制作技艺,夯土墙、河卵石砌筑等传统的围屋营造技艺,既修旧如旧,又推陈出新,经他维修后的围屋成为围屋营造的样板。最近十年,凭借一身围屋营造传统技艺的绝活,钟彦鹏维修过关西镇的关西新围,东江乡的莺龙围,里仁镇的猫柜围、栗园围、鸳鸯厅,桃江乡的龙光围,杨村镇的燕翼围和乌石围等10多处围屋、祠堂。这些年,凡是经手维修的每一座围屋,他都力求恢复原貌,以传统的工匠营造标准修缮。每一次施工,他都按照传统的赣南围屋营造技艺进行,如维修墙体采用三合土夯筑法,其工艺之精湛,令人叹为观止。

钟彦鹏还以传承赣南围屋传统营造技艺为己任,先后培养了儿子钟慧敏和侄子钟荣云两位优秀的徒弟,组建了古建筑公司,吸收了50多名瓦工、木工、油漆工等传统技艺工人,专门从事围屋维修技艺,成为赣南围屋营造技艺传承中一支重要的力量。

2.李明华

2015年,李明华获得"江西省级非物质文化遗产项目赣南客家围屋营造技艺代表性传承人"称号。

出生于龙南县里仁镇沙坝围的李明华数十年来一直醉心于客家围屋的修缮维护。关西新围、燕翼围、乌石围、龙光围……都是经过他手进行修缮的。制作榫卯、斗拱,夯土墙、河卵石砌筑等围屋营造技艺,他掌握得炉火纯青。"譬如榫卯,是古代中国建筑、家具的主要结构方式。只有榫卯使用得当,两块木结构之间才能严密扣合,达到'天衣无缝'的程度。"

2018年1月,李明华以非遗传承人的身份,被派往北京大学考古文博学院民居营造研修班学习。一天,老师拿出一份清代故宫的局部图纸,要大家算出面积。全班27人来自全国各地,很多是建筑设计专家,但没人看得懂,更没人能算出来面积,只有李明华做到了。原来,图纸上面的尺寸是用苏州码标注的,以前建造故宫的工匠,大多是江南人,使用的都是代代相传的苏州码,只有像他这样的老木工、老裁缝等才经常用,也难怪考倒了一班的同学。

"这就是传承!"李明华语重心长地说。

李明华说,一些投入人力、物力修好的围屋,因为没有持久的合理开发利用,陷入维修后又被损坏的循环。

还有一个困惑是,围屋营造技艺的传承人特别难找。李明华曾经带过6个徒弟,有的徒弟潜质非常高,但最后还是改行了。

"在当前时代背景下,培养这项技艺比较难。围屋修缮危险系数大,加上社会大环境,年轻人不愿守着这些老屋吃这个苦,而更愿意去城里做些房屋装修的活,更轻松也更体面。"李明华表示,营造技艺作为一种行业的技术,修旧如旧,尽可能使围屋恢复原貌是围屋营造技艺的精髓。如果有人愿意学,他会毫不保留地将技艺传授。

为了更好地传承赣南围屋营造技艺,近年来,龙南制订了赣南围屋营造技艺保护计划,建立了赣南围屋营造技艺传习所展示馆,申报了一批国家、省、市级代表性传承人。下一步,龙南还将进一步加大赣南围屋营造技艺的保护与传承力度,扩大宣传面,举办进校园、进社区、进景区的展演活动,动员全民参与,使全县人民认知、熟知这一项传统技艺。

保护围屋就是保护历史的根脉,留住围屋就是留住客家人的精神家园。如今,围门在向世界敞开,围屋被赋予了新的内涵与意义,在工匠的匠心传承和温暖守护中诗意复活,成为赣南客家乡村振兴中新的"诗与远方"。

参 考 文 献

[1]万幼楠.赣南传统建筑与文化[M].南昌:江西人民出版社,2013.

[2]万幼楠.赣南历史建筑研究[M].北京:中国建筑工业出版社,2018.

[3]江树华.龙南围屋[M].上海:上海科学技术文献出版社,2014.